青少年百科系列丛书●军事科普文库

QINGSHAONIAN BAIKE XILIE CONGSHU ● JUNSHI KEPU WENK

主编◎郭漫

兵器世界

Bingqi Shijie

武器是人类文明的产物，
也是吞噬人类文明的机器。
领略武器的魅力和魄力，
体会和平生活的可贵。

航空工业出版社
北京

内 容 提 要

作为一部百科全书性质的图书，本书系统地介绍了超酷枪械、烈火战车、威猛军舰、铁翼军机、智能导弹中最具代表性的先进主战武器100多种，几乎包括了两次世界大战中所有著名武器和各国现役的主要武器。

书中用通俗易懂的语言，通过系统的类别归纳，将兵器最完整的一面展现在您的面前。对于特别痴迷兵器的读者来说，更是提供了每种兵器最翔实的技术指标和性能参数，供您参考。

对于青少年读者来说，条理清晰的介绍也能使您在轻松愉悦的阅读中了解和熟悉各种兵器的特征和性能。

图书在版编目(CIP)数据

兵器世界/ 郭漫主编. —北京：航空工业出版社，2010.6(2022.1 重印)

ISBN 978-7-80243-548-3

Ⅰ.①兵… Ⅱ.①郭… Ⅲ.①武器—基本知识 Ⅳ.①E92

中国版本图书馆 CIP 数据核字 (2010) 第 097075 号

分类建议 少儿·课外阅读类

兵器世界

Bingqi Shijie

航空工业出版社出版发行

(北京市安定门外小关东里 14 号 100029)

发行部电话：010-64815521 010-64978486

三河市燕春印务有限公司印刷 全国各地新华书店经售

2010 年 6 月第 1 版 2022 年 1 月第 4 次印刷

开本：787×1092 1/16 印张：12 字数：280 千字

印数：25001—30000 定价：48.00 元

Qian yan 前言

作为一部百科全书性质的图书，《兵器世界》系统地介绍了超酷枪械、烈火战车、威猛军舰、铁翼军机、智能导弹中最具代表性的先进主战武器 100 多种，几乎包括了两次世界大战中所有著名武器和各国现役的主要武器。

与其他兵器类图书不同，本书没有让您在过多的专业术语中耗费精力，而是用通俗易懂的语言，通过系统的类别归纳，将兵器最完整的一面展现在您的面前。

对于对兵器特别痴迷的读者来说，本书更是为您提供了每种兵器最翔实的技术指标和性能参数，供您参考。

对于普通的读者来说，条理清晰的介绍也能使您在轻松愉悦的阅读中了解和熟悉各种兵器的特征和性能。

此外，本书还特别附配了大量精美的图片，以方便读者能更加直观、感性地掌握知识，从而开拓自己的视野，丰富自己的学识。

另外，出于更新观念的考虑，我们对文中出现的专业术语及涉及到的历史事件进行了知识性的延伸，既丰富了书的内容，又使版面更加新颖别致。

本书是一本拥有丰富知识的兵器百科全书，是极具欣赏与收藏价值的兵器宝典，也是家庭、学校及兵器爱好者必备的工具书，是青少年了解世界兵器最基本的科普读物。本书不枯燥、不乏味、不流俗，为青少年在繁忙的学业之余，开启一扇丰富多彩的世界兵器之门。

但是，正如我们所知，各种样式的兵器既是人类文明的产物，同时也是可以吞噬人类文明的兵器。因此您可以迷恋它们的魅力，但不要迷失自我。希望这本《兵器世界》除了让您领略到武器的魅力和魄力外，还能体会到今天的和平生活来之不易。

编者

目录 MULU

第1章 超酷枪械

第 2 章 烈火战车

第3章 威猛军舰

第4章 铁翼军机

第5章 智能导弹

第1章 超酷枪械

枪械一般是指利用火药燃气等能量通过管件发射枪弹弹头，口径小于 20 毫米的身管武器，是我们最熟悉的一种常规武器。陆军使用的枪械主要是手枪、步枪、机枪和冲锋枪等，口径一般分三种：6 毫米以下为小口径，12 毫米为大口径，介于 6~12 毫米之间的为普通口径。

柯尔特M1911式手枪

兵器档案

名称：柯尔特M1911式手枪
产地：美国
容弹量：7发
全枪质量：1.13千克（含一空弹匣）
全枪长：21.6厘米
枪管长：12.7厘米
配用弹种：11.43毫米柯尔特自动手枪弹

柯尔特 M1911A1 式 11.43 毫米自动手枪是世界上最著名的手枪之一，装备在许多国家的军队。M1911 式定型于 1911 年。1923 年，美国斯普林菲尔德兵工厂对该枪进行了改进，取名 M1911A1 式，于 1926 年正式列装。

柯尔特 M1911 式手枪是勃朗宁的一个传世的设计。从技术水平上说，9 毫米勃朗宁更先进，但 M1911 式的大威力也是不容置疑的。

M1911 式最大的优点是威力巨大、停止作用强，挨上一枪还能继续顽抗的不大多见。相比之下，9 毫米就要打到要害才有如此功力，否则一枪兴许还不一定管用。

但 M1911 式的缺点也是显而易见的：后坐力巨大，不熟练的射手难以打出好成绩来；容弹量小，只有 7 发，战斗中火力持续性不足；体积和重量都偏大。

柯尔特 M1911A1 式自诞生之日起持续生产了 60 多年，美国曾把 M1911A1 式作为制式单兵自卫武器参加了第二次世界大战。到 1985 年，M1911A1 式才开始从美军中退役。

尽管美国军队的制式手枪已经更换为 M9 自动手枪，但美军对 M1911 式情有独钟，一些精锐军警部队一直将其列为特战成员的制式手枪。相反，除了依赖美援的国家外，大部分美国盟国基本已经不用 M1911 式了，而改用 9 毫米勃朗宁的子孙或其他手枪。

M1911A1 式手枪采用枪管短后坐式工作原理，枪管摆动式开闭锁，弹匣供弹。枪弹射击后，在火药的推动作用下，枪管和套筒一同后坐。由于枪管通过下方的铰链固定在套筒座上，因此后坐时，铰链上端开始向后转动，越过死点，逐渐拉枪管尾端向下而开锁。此时枪管停止后坐，套筒继续后坐，完成抽壳、抛壳、压倒击锤等动作。

龙文兵器小百科 手枪

手枪是一种单手发射的短枪。其主要特点是：短小轻便、能突然开火、通常在50米内有良好的杀伤威力。现代手枪按用途可分为自卫手枪、冲锋手枪和特种手枪（微声手枪和隐形手枪等）；按结构可分为转轮手枪和自动手枪。

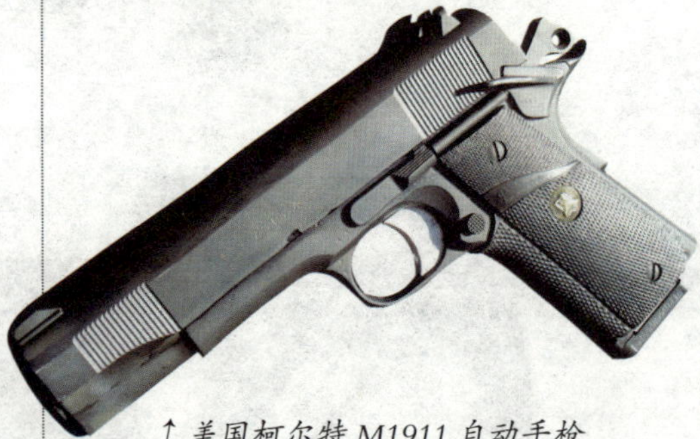

↑ 美国柯尔特 M1911 自动手枪

当套筒复进时，推枪管向前运动。铰链向前回转，顶起枪管尾端，使枪管上方的两条闭锁凸起卡入套筒内壁的闭锁槽内。此时铰链转过死点，使枪管和套筒可靠闭锁。

该枪套筒座后部有一角状凸起，是握把保险。当手握握把，手掌虎口部挤压该部分时，即解除了保险。

M1911A1 式手枪的威力是以往任何手枪都没有的，射手因拥有一支这样的手枪而安全感大增。M1911A1 式手枪最大的特色在于它那超大的口径。采用了 0.45 英寸（1 英寸 =25.4 毫米）柯尔特手枪弹来作为弹药，这是一种又大又重的子弹，它的口径是 11.43 毫米，而且每颗子弹重达 15 克。由于子弹偏大，使得子弹的初速并不高，只有 246 米 / 秒而已，却拥有极高的停止作用力。

↑M1911A1 式手枪

↓原始的 M1911 式手枪

龙文兵器小百科 M1911式手枪的传奇故事

M1911式手枪在第二次世界大战的天空中有一段传奇经历。

事情发生在美军驻印度的第十航空队。它的重型轰炸机部队——第七轰炸大队由数量不多的B-24组成。

1943年3月31日，第七轰炸大队第九中队被派遣去破坏缅甸中部城市彬文那附近的一座铁路桥。其中1架B-24由劳伊德·简森中尉驾驶，副驾驶是欧文·伯格特少尉。

机队在抵达目标前突然遭到日军战斗机拦截，危急情况下，机上人员不得不选择跳伞逃生，但日军飞行员立刻对这些跳伞逃生的人开始扫射，子弹打伤了伯格特的手臂。

伯格特在降落伞下坠时掏出他的M1911式手枪，对着刚从他脚下经过并打开驾驶舱的“零”式战斗机开了4枪，结果这架“零”式战斗机立刻停止了射击并开始旋转坠落。

后来，这个传奇故事被刊登在1996年6月的美国《空军杂志》上。

↑ M1911 枪托特写

→M1911 的子弹

HK_P7手枪

兵器档案

名称：HK_ P7手枪
产地：德国
容弹量：8发
全枪质量：0.95千克（含8发实弹匣）
全枪长：17.1厘米
枪管长：10.5厘米
配用弹种：9×19毫米帕拉贝鲁姆手枪弹

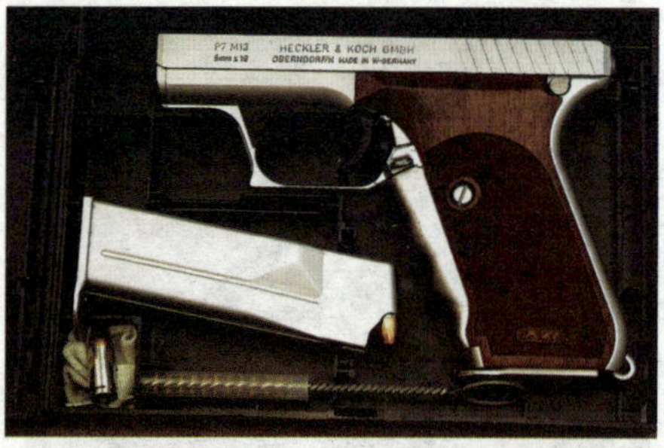

↑一套完整的 HK_P7 手枪及子弹

德国赫克勒－科赫有限公司为满足警方的需要而设计了 HK_P7 系列手枪。HK_P7 系列手枪现已成为德国警察和军队的制式武器。

HK_P7 系列手枪的工作原理采用的是半自由枪机式，突出特点是有气体延迟后坐机构。发射时，弹头脱离弹壳后，部分火药气体穿过位于弹膛前方的导气孔进入枪管下方的气室内，进入气室内的火药气体又向前作用于与套筒相联的活塞，阻止套筒剧烈后坐。当弹头完全离开枪口时，套筒完成抽壳、抛壳等动作。

HK_P7 系列手枪采用击针平移式双动扳机机构，它的握把前部兼作保险压杆，手握握把，保险杆压下，保险解脱并使得击锤待击；手松握把，手枪恢复到保险状态。

此外，HK_P7 系列手枪还有空仓挂机机构，挂机柄和弹匣卡笋左右手都可以灵活使用。该枪采用机械瞄准具。

P7 系列手枪有 P7M8、P7M13、P7K3 等多种型号，P7M8 式、P7M13 式发射 9 毫米帕拉贝鲁姆手枪弹，P7K3 与众不同，采用自由枪机式工作原理，无气体延迟后坐机构，发射 9 毫米柯尔特自动手枪弹（短弹），并可利用转换装置发射 0.22LR 枪弹或 7.65 毫米柯尔特自动手枪弹。

↑ HK_P7手枪

HK P-11水下无声专用手枪

兵器档案

名称：HK P-11水下无声专用手枪
产地：德国
全枪长：20.0厘米
枪膛长：14.6厘米
全枪质量（带弹）：1.2千克
枪管（带弹）质量：0.7千克
子弹规格：7.62x36毫米

20 世纪 70 年代，德国赫克勒－科赫有限公司（HK）为水下特种部队研制了 HK P-11 式 7.62 毫米水下无声专用手枪，1976 年正式装备使用，是海军蛙人部队的一种专用武器。

↑好莱坞大片中的HK P-11水下无声专用手枪

HK P-11 水下无声专用手枪的主要特点是借助电子系统，通过电动控制发射子弹，既能在地面使用，也能在水下使用，水下有效射程为 15 米，地面可达 50 米，特别适合从水下到海岸的秘密渗透行动。尽管 HK P-11 的水下射程相对不远，但这并不是什么致命弱点，它可以通过特定的使用方式来弥补。蛙人通常在夜间视线不好，一般在能见度较差的时候发起攻击，敌人不易察觉，因而很容易秘密接近到有效射程之内。

HK P-11 手枪在 30 米距离内的射击准确率非常高，和赫克勒－科赫有限公司生产的 MP5-SD6 无声冲锋枪不相上下，能够消灭水下任何敌人。

当然，HK P-11 手枪也存在一些缺陷：首先，主要是在水下使用，海水中盐分较大，手枪各部件间尽管进行了严格的密封，但密封处电子接点也非常容易氧化；其次，技术保障比较复杂，枪管再装填工作只能在赫克勒－科赫有限公司由专业人员进行，因此，使用不够方便；第三，用于定期检查手枪电子组件电路状况的特殊维护仪器比较笨重，操作起来比较麻烦，由于特殊维护的需要，在水下携带过程中，P-11 射击部件接点处都装配有可拆卸防护垫片，使用前应当除去这些垫片，这一额外操作要求自然会增加战斗反应时间，降低实战效能；最后，生态安全程度较低，可能会对人体产生辐射危害。

从 20 世纪 70 年代中期开始，赫克勒－科赫有限公司共生产了数百支 HK P-11 手枪，德国蛙人部队装备了 200~250 支，其他出口到了美国、英国、法国、荷兰、丹麦、意大利、挪威、以色列等国的海军蛙人部队，英国特别航空局，美国中央情报局，法国对外情报局。其中，美国蛙人部队装备了约 100 支 HK P-11 手枪，大部分由“海豹”突击队掌握，法国土伦海军蛙人部队也装备了约 100 支这种手枪。

格洛克 17式手枪

兵器档案

名称：格洛克17式手枪
产地：奥地利
容弹量：17发
全枪长：18.8厘米
枪管长：11.4厘米
全枪质量（不含弹匣）：0.62千克
配用弹种：9×19毫米帕拉贝鲁姆手枪弹

20 世纪 80 年代初，奥地利陆军决定寻求一种新枪，以替换服役多年的德国华尔特 P38 自动手枪，他们首先看中了奥地利斯太尔公司开发的斯太尔 GB 手枪，但试验结果并不理想。于是，他们把目光转向了格洛克公司。

↑↓格洛克 17 式手枪深受奥地利陆军的喜爱。

当时格洛克公司还没什么名气，他们对突然而至的机遇十分珍惜。为了顺利完成这次任务，他们首先邀请了奥地利军方人士及北约组织的高级将领，充分听取他们的意见，然后组织研究人员将这些意见整理出一个清晰的框架要求，作为开发新手枪的研制起点，并要求外形、结构要全新设计，采用新材料和新的工业技术制造。

经过多方面的努力，1983 年，格洛克公司的新手枪问世。奥地利陆军对它进行了各种严格的试验，结果让奥地利军方非常满意，于是奥地利陆军正式采用，并命名为 M80。而这支新手枪的商业名称就是格洛克 17。

现今，“格洛克”手枪已经发展成为具有 4 种口径、8 种型号的格洛克手枪族，并被 40 多个国家的军队和警察装备使用。尤其在美国，占据了 40%的警用自动手枪市场，基本型格洛克 17 式手枪成为现代名枪之一。

格洛克 17 式手枪设计非常简洁，简洁到看起来有点方头方脑，完全抛弃了传统手枪设计时讲究曲线运用的设计理念。这一打破传统的设计思路十分符合实战应用，使格洛克 17 式手枪便于随身携带和使用。手枪握把与枪管轴线的夹角比任何手枪都要大，这个角度是根据人体手臂自然抬起的瞄准姿势与身体的角度而定的，因此几乎不用怎么瞄便可举枪射击，这样的设计在突然遭遇的近战中，瞄准反应速度特别快而且准。

←→外形简洁的格洛克17式手枪

该枪采用柯尔特－勃朗宁式手枪的枪管偏移式开闭锁结构，借助枪管外面的矩形断面螺纹与套筒啮合连接。

格洛克手枪另一个显著特点是扳机保险装置和击发装置。该枪的扳机机构类似双动扳机，预扣扳机 5 毫米行程后，锁定的击针被解脱，呈待击发状态；再扣 2.5 毫米行程就能释放击针打击底火。由于有击针锁定保险，所以枪外部没有常规的手动保险机柄。

格洛克 17 式的扳机式保险装置有如下优点：

首先，它的使用简便性：扣压扳机就能击发，手指离开扳机就能自动处于保险状态。

其次，每次击发的扳机力都是一样的。

第三，假如手枪掉在地上或者从射手手中脱落，扳机保险装置能自动地处于保险状态，以避免走火事故的发生。

该枪勤务性也很好，全枪包括弹匣在内只有 32 个零部件，用一个销子就可在 1 分钟内将枪分解。由于套筒座用合成材料制成，外形光滑，手感好。

格洛克 17 式另一个让奥地利陆军喜欢的功能便是它还能在水中射击。格洛克 17 式虽然不是专用的水下手枪，但一些蛙人作战部队都会装备这种手枪以便应急使用。

正因为上述特点，格洛克 17 式深受奥地利陆军的喜爱。

龙文兵器小百科　格洛克手枪系列中的第一支型号为什么编号是“17”呢？

目前有三种解释：

第一种，因为这支手枪的弹匣容量是17发，而当时流行的双排手枪弹匣是15发（这个流行的定义其实是以流行的意大利伯莱塔M92F手枪为基准的），所以就决定编号为17了。

第二种，格洛克公司的人曾经对外界宣称：他们以公司的门牌号码“17号”来命名新枪，以庆祝和纪念新枪的诞生。

第三种，因为这是格洛克公司生产的第17种产品，但格洛克公司并未向人们展示过以前的16种产品。

USP通用自动装填手枪

兵器档案

名称：USP通用自动装填手枪
产地：德国
容弹量：15发
全枪长：19.4厘米
瞄准基线：15.8厘米
枪全高：13.6厘米
全宽：3.2厘米
全枪质量（不含弹匣）：0.72千克

USP（Universal Selbstlade Pistole）是 HK 公司第一支专门为美国市场设计的手枪，它的使用对象是美国民间机构、执法机构和军事部门。在 1993 年休斯顿举行的手枪展览会上，USP 第一次向公众展示。同年，USP 投入生产。

USP 有 9 种型号，不同型号间的区别只是扳机方式、控制杆功能和位置的不同，这样就给用户一个较大的选择空间，而且每一种型号都可以任意修改为另一种型号。

↑ USP 手枪及子弹

USP 可以发射最大威力的 9 毫米枪弹。它采用勃朗宁式闭锁，复进簧导杆上有很独特的后坐缓冲装置。

USP 前方有两条导轨，用于安装 UTL（Universal Tactical Light——通用战术灯）。该手枪的另一个与众不同之处是可以选用多种不同类型的扳机机构，即传统的双动／单动型、没有手动保险的双动／单动型、有手动保险的双动型、简化的双动型扳机。

手枪金属零部件耐腐蚀，其外表面有很硬的黑色渗碳氮化氧化保护层。包括弹簧在内的内部零件都涂有特殊的道氏合金麻粒防腐层，既可防腐蚀，又能减小摩擦阻力。

USP 虽然是为进入美国民间市场而研制的，但却是历来经受过最严格试验的手枪，因此它的性能一直比较强。

←德国 USP 9 毫米手枪

伯莱塔92系列9毫米手枪

兵器档案

名称：伯莱塔92系列9毫米手枪
产地：意大利
容弹量：15发
全枪长：21.7厘米
枪管长：12.5厘米
全枪质量（含空弹匣）：0.95千克
配用弹种：9×19毫米帕拉贝鲁姆手枪弹

1976 年，意大利伯莱塔公司开始陆续推出伯莱塔 92 系列手枪，9 毫米手枪便是其中之一，主要装备意大利军队和警察。

伯莱塔 92 系列主要包括 92 式、92F-C 式、92SB 式、92SB-C 式、92FS 式、92S 式、92SB-CM 式等型号，但 92 式、92S 式已停止生产。

↑神奇的伯莱塔系列手枪

伯莱塔 92 式手枪采用枪管短后坐式工作原理，射击后，枪管同套筒先共同后坐一小段距离，然后闭锁卡铁在开锁杆的作用下向下摆动，使枪管和套筒分离，实现开锁。此时枪管停止后坐，套筒继续后坐，完成抽壳、抛壳、压倒击锤等一系列动作。该枪膛内有弹时，拉壳钩在侧面凸出以显示有弹。它还有双动式扳机。在挂机柄前方有手枪分解旋钮。

伯莱塔 92 式手枪的手动保险机柄在套筒后部，而且有待击解脱装置，使用时可将击针偏离击锤头部，释放击锤，并使扳机杆同阻铁脱离。如果武器处于待击状态，保险机构可使击锤解脱待击状态；如果击锤偶然因其他因素驱动，也不会击发枪弹，这样就能增加其安全性。

↑伯莱塔 92 系列自动手枪

“沙漠之鹰”0.44英寸手枪

兵器档案

名称：“沙漠之鹰”0.44英寸手枪
产地：以色列
容弹量：8发
全枪长：27.0厘米
枪管长：15.2厘米
全枪质量：1.89千克
配用弹种：0.44英寸马格努姆手枪弹

↑“沙漠之鹰”0.44 英寸手枪

↓“沙漠之鹰”当之无愧跻身世界名枪之列

多年来，“沙漠之鹰”手枪一直作为运动手枪使用，时至今日，已开发出军用型手枪。除 0.44 英寸口径外，该枪还有 0.357 英寸和 0.41 英寸口径型。

“沙漠之鹰”0.44 英寸手枪采用 V 型缺口照门表尺和片状准星，有固定和可调两种类型。

手枪配备 0.44 英寸马格努姆底缘发火弹。

“沙漠之鹰”手枪与众不同的地方是采用导气式工作原理，枪机回转闭锁。射击的时候，从导气孔出来的火药气体首先推动活塞向后运动，活塞又驱动套筒后坐，套筒通过突笋的作用使枪机旋转开锁，然后共同后坐完成抽壳、抛壳等动作。复进时枪机下部首先从弹匣顶部推出一发子弹，套筒又旋转枪机实现闭锁。枪管固定在套筒上，套筒在后部，内装枪机。套筒前部向枪管下方伸出两个侧臂，便于后坐、复进运动稳定。

该枪套筒两侧都有保险机柄，保险时可将击针锁住，也解脱了扳机和击针的联系。其扳机阻铁组件可从整件取下，换上扳机力和扳机行程可调的组件。

“沙漠之鹰”当之无愧跻身世界名枪之列，在今后一个相当长的时间内将继续它的传奇。

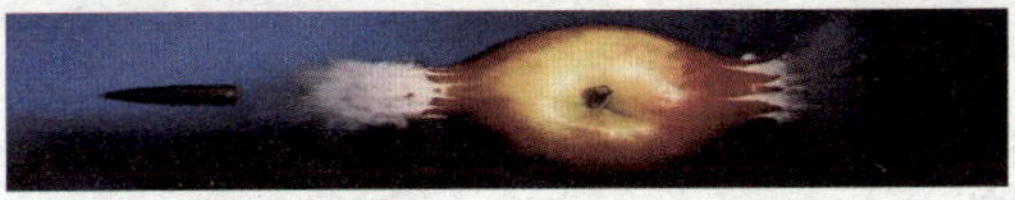

史密斯-韦森1076式10毫米手枪

兵器档案

名称：史密斯-韦森1076式10毫米手枪
产地：美国
容弹量：9发、11发、15发
全枪长：19.7厘米
枪管长：10.8厘米
全枪质量：1.125千克
配用弹种：10毫米减威力枪弹

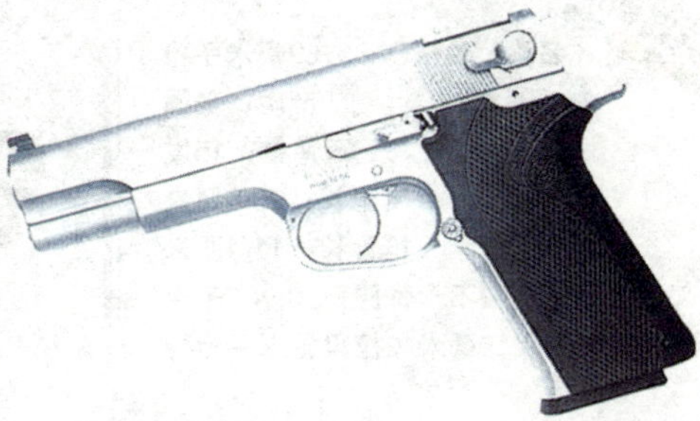

1986 年 4 月，迈阿密事件促使美国联邦调查局决心采用 10 毫米口径的枪弹。随即举行弹药选型，选择一种威力稍大、综合性能优良的手枪弹，用来替换当时使用的各种 0.38 英寸和 0.357 英寸手枪弹。选型结果，初速 297 米 / 秒（由史密斯—韦森 1076 式手枪发射）的减威力 10 毫米口径枪弹被有幸选中。在有 21 家公司提供的手枪竞争中，史密斯—韦森 1076 式手枪一举中标，并与联邦调查局签订了生产 9600 支 1076 式手枪的 280 万美元的合同。新手枪配发后，除私人手枪外，联邦调查局所有的 0.38 英寸和 0.357 英寸左轮手枪将撤装。

该枪采用史密斯—韦森公司传统的枪管短后坐式工作原理，枪管偏移式开闭锁，参照 1006 式手枪设计，尺寸类似于史密斯—韦森第三代 9 毫米系列。该枪用不锈钢制成，击锤抛光，握把呈直线型，双动扳机行程较长，但扳机力比史密斯—韦森型小，有一个实用的短待击机构。它没有手动保险机柄，只在左侧机柄下方有一个待击解脱杆。

每支手枪配四个 9 发弹匣，两个 11 发弹匣，一个 15 发弹匣。

目前 1076 式手枪只有 10 毫米型，史密斯—韦森公司准备再生产一些变型枪。同时，对手枪外形进行了部分改进，如套筒座后部凸起改为圆形。

1076 式手枪射击噪声比 9 毫米手枪大，但后坐力不相上下，比较轻，枪口跳动也小，射击后瞄准线很容易迅速恢复。射击精度较好，10 米处射击时，瞄准线是归零的。该枪采用柱形准星和缺口照门，准星和照门都可横向调整。

值得一提的是，史密斯 - 韦森 1076 式手枪只被美国联邦调查局使用了不到 5 年，成为美国联邦调查局所采用过的最短命的手枪。也许是因为要专门订购减装药的 10 毫米减威力枪弹太麻烦，美国联邦调查局改为配发 0.40 英寸口径的格洛克 23 手枪代替它。至此，史密斯 - 韦森 1076 式手枪很快从市场上消失了。

↑史密斯—韦森 1076 式手枪

鲁格P-85式9毫米手枪

兵器档案

名称：鲁格P-85式9毫米手枪
产地：美国
容弹量：15发
全枪长：20.0厘米
枪管长：11.4厘米
全枪质量（不含弹匣）：0.907千克
配用弹种：9×19毫米帕拉贝鲁姆手枪弹

1987 年，美国鲁格公司研制了一种叫鲁格 P-85 式 9 毫米的自动手枪。1991 年，采用新式击针和待击解脱 / 保险装置，命名为 P-85MK11 式。

鲁格 P-85 式 9 毫米手枪采用勃朗宁式枪管短后坐式工作原理：枪管和套筒一起后坐，由于铰链作用使枪管上下移动。待击时，利用弹膛体与套筒上抛壳口部配合。枪管用不锈钢制成，套筒座用铝合金制成，经过硬化和黑色无光处理。套筒用铬钼钢制成，也经过黑色无光处理。它的击锤凸出在外，手动保险机柄在套筒后边，而且两侧都有。保险时，能够锁住击针、击锤，解脱扳机。该枪可以双动击发，发射 9 毫米帕拉贝鲁姆手枪弹。扳机护圈能适应带手套射击，其外形便于射手双手持枪射击。

鲁格 P-85 式 9 毫米手枪，采用可调风偏的缺口照门和片状准星，并涂有白发光点，以便于夜间射击。

20 世纪 80 年代末，被炒得沸沸扬扬的美军新手枪选型会第二轮竞争中，除伯莱塔公司、史密斯 - 韦森公司的产品外，鲁格公司的 P-85 式手枪也在竞争之列，但此枪最终败北，使喜爱鲁格公司产品的人一直耿耿于怀。

鲁格 P-85 式 9 毫米手枪的特点：一是结构简单，全枪只有 56 个零件，而且没有复杂的零件，分解、结合都十分方便；二是瞄准具设计独特，准星为刀形，外形低，靠两个横销固定在套筒上，方形缺口照门与套筒滑动过盈配合，如遇风偏影响，照门可作横向移动进行修正，射手可快速发现目标，并获得正确的瞄准图像；三是耐用性好，该枪的套筒与不锈钢枪管牢固地结合在一起，然后两者一起后坐，后坐一段距离后，枪管从其锁定位置开始向下浮动，而套筒继续后坐并完成抽壳和抛壳过程。经测试：使用该枪发射 20000 发子弹，枪械受力件没有出现破损，同时结构内部的运动件也没有出现明显的磨损痕迹。

↑ *美国鲁格 P-85 式手枪及其枪弹*

SIG-SAUER P220（M75）式9毫米手枪

兵器档案

名称：SIG-SAUER P220（M75）式9毫米手枪
产地：瑞士
容弹量：9发
全枪长：19.8厘米
枪管长：11.2厘米
全枪质量（不含弹匣）：0.75千克
空弹匣质量：0.8千克
配用弹种：9×19毫米帕拉贝鲁姆手枪弹

↑性能优秀的SIG-SAUER P220式手枪

SIG-SAUER P220手枪是在20世纪70年代应瑞士军方的要求而研制的，其实早在20世纪60年代末就开始计划了。当时瑞士军队装备的SIG P210手枪既昂贵且产量又低，军方需要一种比较便宜的替代产品，但必须是性能优秀的手枪。

SIG公司的轻武器分部（SIG Arms）规模较小，为了能在手枪的设计和生产上有更大的发展空间，SIG公司决定与德国的绍尔子公司合作研制这种新手枪，因为增加了这个德国的生产车间，以后SIG公司便有能力完成任何北约国家的大宗手枪订单。由于是两家公司合作设计和生产的，因此这种手枪全称为SIG-SAUER P220手枪。9×19毫米口径的P220在1975年正式装备瑞士军队，军方编号为M75，随后日本、丹麦和法国也有采用。

↑↓SIG公司与德国绍尔子公司合作研制的SIG-SAUER P220新式手枪

SIG-SAUER P220式手枪采用普通机械瞄准具，套筒座为铝合金件，其他大部分零件是钢冲压件。

SIG-SAUER P220式手枪采用枪管短后坐式工作原理，枪管摆动式开闭锁，可以双动或单动击发。SIG-SAUER P220式手枪还有一个待机解脱杆，位于枪左上部。当膛内有弹、击锤处于待击位置时，压下此杆，就会解脱击锤，使得击锤向前回转，最后被阻铁卡住。此时，尽管击锤在前方，但与击针有一段距离，因此可以安全地携带。该枪击针在保险状态下也是被锁住的。

毛瑟HSc_7.65毫米手枪

兵器档案

名称：毛瑟HSc _7.65毫米手枪
产地：德国
容弹量：8发
全枪长：15.2厘米
枪管长：8.6厘米
全枪质量（不含弹匣）：0.596千克
配用弹种：7.65毫米柯尔特自动手枪弹

毛瑟 HSc_7.65 毫米手枪是彼得·保罗·毛瑟于 20 世纪 30 年代末为军用或警用而设计的，1940 年开始生产。

第二次世界大战期间，毛瑟 HSc_7.65 毫米手枪被装备于德国军队和警方。尽管精加工毛瑟 HSc_7.65 毫米手枪受当时条件的限制，但总体来说它仍不失为一种设计合理、性能良好的手枪。

毛瑟 HSc_7.65 毫米手枪是一种双动型手枪，外形和内部设计都很引人注目。它的击锤几乎完全隐藏在套筒里，露出部分刚好射手能用拇指使其待击。

毛瑟 HSc_7.65 毫米手枪保险机构是杆型，当上升时，击针头部进入凹形部，不与击锤对准。当弹匣打空时，套筒停留在后，取下弹匣，套筒即可回位。当套筒后端完全到位时，解脱子上移，进入套筒上的凹槽内，使扳机杆与阻铁不能相联。

该枪采用机械瞄准具，使用 7.65 毫米柯尔特自动手枪弹。

HSc 手枪还有一种体积较大的变型枪，即发射 9 × 19 毫米帕拉贝鲁姆枪弹的 HSv 手枪。

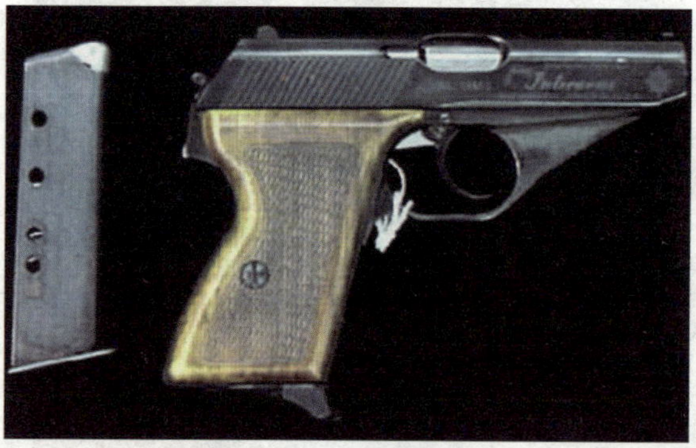

↑ 毛瑟 HSc_7.65毫米手枪的变型枪

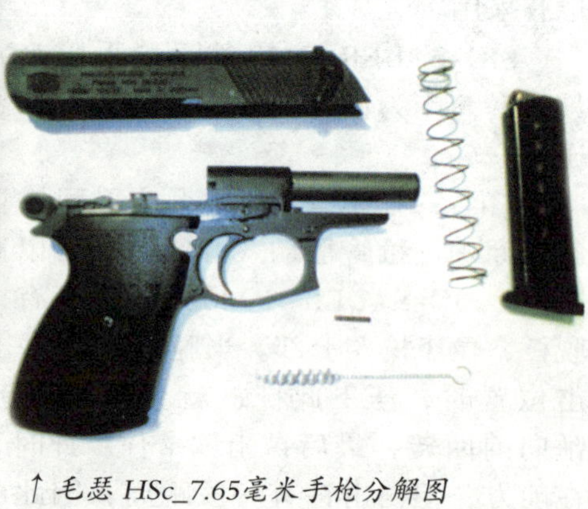

↑ 毛瑟 HSc_7.65毫米手枪分解图

斯捷奇金冲锋手枪

兵器档案

名称：斯捷奇金冲锋手枪
产地：苏联
容弹量：20发
全枪长：枪长22.5厘米，驳接枪托长54厘米
枪管长：14厘米
全枪质量：含空弹匣不含枪托1.02千克
配用弹种：9×18毫米马卡洛夫手枪弹

1948 年，位于图拉的中央设计研究局的工程师伊戈尔·斯捷奇金正式接受了设计一种新型手枪的任务，设计要求是要采用新的 9×18 毫米马卡洛夫手枪弹，进行半自动和全自动射击，在全自动射击时要求易操控，并要求可驳接枪托，即所谓的“冲锋手枪”。

这种冲锋手枪很快就被设计出来，并在 1951 年与马卡洛夫 PM 手枪一起被苏联军队采用，这种新枪被命名为“斯捷奇金自动手枪”，缩写为 APS，也常常被称为“斯捷奇金手枪”。APS 在 1953—1954 年间大量装备给苏联军队的炮兵、坦克/装甲输送车的车组、步兵中的 RPG-7 射手、前线军官等军事人员，成为世界上唯一被列为制式军用装备的冲锋手枪。

APS 被苏联特种部队 SPETSNAZ 装备并在阿富汗战场上广泛使用。在 20 世纪 90 年代的俄罗斯地区冲突期间，APS 也被多个俄罗斯执法机构的特种部队采用，例如 OMON、SOBR、要员保护小组等。APS 比起广泛装备的马卡洛夫 PM 手枪有更好的精度和更大的容弹量，而且 APS 既能以半自动模式准确迅速地射击，也能在室内近战的紧急情形下进行全自动射击。现在尽管有更现代化和威力更大的手枪出现，如 GSH-18，但 APS 由于使用库存量足、价格便宜的 9×18 毫米手枪弹，及其自身良好的射击精度和较低的后坐力，直到现在仍然被俄罗斯的执法机构尤其是特种部队使用。

APS 采用自由枪机式工作原理，结构类似马卡洛夫手枪，但它套筒的左后部有一快慢机，可单发、连发射击。连发时可将枪托/枪盒结合在枪上抵肩射击。该枪尽管有枪托，但连发射击跳动太大，不易控制，射击精度难以保证。

←带有枪托的斯捷奇金 9 毫米冲锋手枪

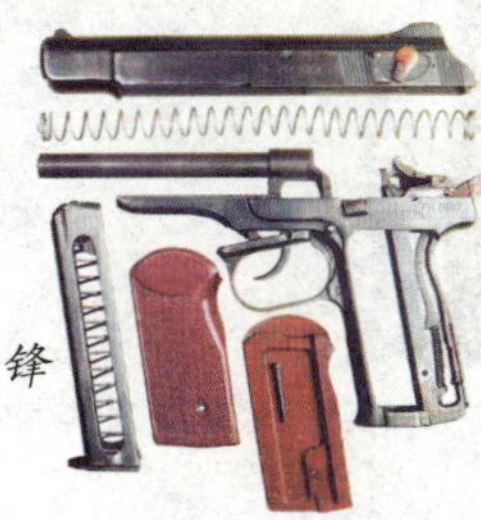

→斯捷奇金冲锋手枪分解图

QSZ92式手枪

兵器档案

名称：QSZ92式手枪
产地：中国
容弹量：15发
全枪长：19厘米
枪管长：11.1厘米
全枪质量：0.76 千克
配用弹种：DAP92式9毫米普通弹或9毫米帕拉贝鲁姆手枪弹

↑ *QSZ92式手枪分解图*

↓ *装备驻澳门部队的QSZ92式9毫米手枪*

↑ *QSZ92式手枪及其配用弹种*

92式9毫米手枪系统从1992年开始论证，1994年正式批准立项开始研制，1998年设计定型。1999年12月20日，92式9毫米手枪及其弹药作为驻澳门部队装备正式公诸于众。

92式9毫米手枪使用DAP92式9毫米普通弹，与9毫米帕拉贝鲁姆手枪弹通用，发射方式为半自动。采用枪管短后坐自动方式，枪管回转式闭锁机构，回转式击锤击发。容弹具为双排双进15发弹匣，每支枪配备两个弹匣。全枪寿命大于3000发，全枪故障率低于0.2%，高、低温分别达到+50℃和-45℃，在测试中通过了各种环境模拟试验，包括扬尘和扬尘后淋雨、浸河水（含泥砂）等试验。

由于军方对新手枪系统要求有较好的侵彻能力，因此为92式手枪研制的DAP92式9毫米手枪弹同北约制式9毫米帕拉贝鲁姆手枪弹的外形尺寸及某些参数基本相同，但弹头结构却采用铅钢复合式弹芯。虽然DAP92式9毫米手枪弹可与9毫米帕拉贝鲁姆手枪弹通用，但对轻型防护目标的穿透能力则比后者大得多，这样既符合了军方的要求，又使92式手枪易于外贸。

DAP92式9毫米手枪弹全弹长30毫米，全弹质量为12.3克，弹头为8克，采用制式的无锈蚀底火，发射药采用单基火药，枪弹速度（V5）为360±10米/秒。在50米的距离内，穿透1.3毫米厚的232头盔钢板后，仍能击穿50毫米厚的松木板，而用其他制式手枪弹和帕拉贝鲁姆手枪弹作对比试验，均不能击穿钢板，只能在钢板上留下一个微凹的痕迹。

M14式7.62毫米自动步枪

兵器档案

名称：M14式7.62毫米自动步枪
产地：美国
容弹量：20发
全枪长：112.0厘米
枪管长：55.9厘米
全枪质量（含实弹匣）：5.1千克
配用弹种：北约7.62×51毫米枪弹

第二次世界大战中，为了满足美军对武器的要求，美国数家兵工厂拿出了几十种样枪，还有一些外国枪也参与了选型。最后，FN FAL步枪名列第一，斯普林菲尔德武器公司的T44式步枪位居第二。由于T44式步枪较易于生产，结构又是从加兰德M1式步枪演变而来，比较符合美国当时的需求，故1957年5月1日，美国陆军宣布正式采用T44式步枪。

T44式步枪有两种型号：一是重型枪管可单发、连发射击的M15式（1959年，M15式步枪方案被放弃）；一是轻型枪管单发射击的M14式。

M14式步枪正式定型后又做了改进，并有M14E1式和M14E2式两种型号，M14E2式步枪被正式采用，于1968年被命名M14A1式7.62毫米步枪。M14式7.62毫米步枪是一种比M1式步枪容弹量大，射击精度好，能单发、连发射击的自动步枪。

↑士兵手中的FN FAL步枪

↑斯普林菲尔德武器公司制作的T48式步枪和T44式步枪

龙文兵器小百科 步枪

单兵使用的长管枪械。主要用于发射枪弹杀伤有生力量，有效射程300～400米。还可用刺刀、枪托进行格斗。有的可发射枪榴弹，具有点面杀伤和反装甲能力。除传统步枪外，还有骑枪、突击步枪和狙击步枪等。按自动化程度可分为非自动、半自动和全自动步枪。

↑ *M14式步枪完成改装后被命名MK14式增强作战步枪*

↓ *美国军用的M14式7.62毫米自动步枪*

龙文兵器小百科 民间版M14

在美国民间的M14有两大类，一类被称为USGI M14，USGI意思是“美国政府配发”，实际上就是指按照美国政府采购合同所生产的军用型；另一类被称为商业型，即所谓的民用型。自1971年以后，美国的轻武器生产商生产了超过23万支民用型M14向民间出售，大多数民用型M14与军用型M14的零件基本上都可以互换，它们的外观极为相似，区别在于：军用型的机匣在右侧下方有一个安装快慢机柄或快慢机锁的开孔，而民用型因为没有快慢机，因此干脆取消了机匣上的这个开孔。

绝大多数民用型M14都是半自动，但也有少数例外。据说史密斯企业和斯普林菲尔德武器公司生产了大约1000～2000支设有快慢机的全自动M14在民间销售，直到1986年5月19日，美国政府颁布的禁止全自动武器法令开始生效，才停止了全自动民用枪支的生产，但只要符合所在州或地方的相关法规，平民仍然可以合法买卖或持有法令生效前生产的全自动民用型M14。

M14式7.62毫米步枪采用导气式工作原理，导气装置由导气箍顶塞、活塞筒、活塞、枪机框和复进簧等组成。活塞后半部为一长方体，抵在枪机框上；前半部呈圆柱形，表面有环槽。机框中空，内装复进簧。导气箍右后方有闭气阀，可将导气孔关闭，以发射枪弹。

M14式7.62毫米步枪枪机呈扁圆柱形，右前端有一导轮，枪机框通过导轮带动枪机在机匣中前后运动。机匣两侧壁上有导引枪机运动的导轨。机匣内还有一横梁，中间开有缺口。这样，当枪机复进尚未到达旋转闭锁位置时，即使击锤意外解脱而打击击针，也不会出现走火的危险。

击发和发射机构的大部分零件与加兰德步枪相似，包括双钩击锤、扳机和扳机连杆（第一阻铁）以及位于第一阻铁后面的带阻铁簧的第二阻铁等。整个发射机构一起装在机匣后部，由保险机固定栓固定。

M14式7.62毫米步枪备有冬用扳机、M6刺刀、M76枪榴弹发射插座和两脚架。空包弹发射装置包括M12式枪口装置和M13式枪管尾端护扳。枪口装置的圆筒部插入消焰器的开口内，由刺刀座和弹簧固定。枪尾护扳由带弹簧顶杆的卡笋固定于弹匣槽中。

M14A1式步枪直枪托、有后握把以及可折叠的前握把。该枪还装有橡胶缓冲垫和铰链式托底板；枪口装有膛口防跳器，连发射击时可有效地控制枪口上跳。

该枪的机械瞄准具包括固定式柱形准星和弧形表尺，可分别进行方向和高低调整。表尺分划为200~1000米，200米为一个分划。使用北约7.62毫米枪弹。

FN FAL7.62毫米自动步枪

兵器档案

名称：FN FAL7.62毫米自动步枪
产地：比利时
容弹量：10发、20发
全枪长：109.0厘米
枪托打开：109厘米
枪托折叠：84.5厘米
枪管长：53.3厘米
全枪质量（不含弹匣或刺刀）：4.25千克
配用弹种：北约7.62×51毫米枪弹

1951年，迪厄多内·塞弗开始研制FN FAL（意为轻型自动步枪）步枪。

最初设计发射德国在第二次世界大战期间研制的7.92×33毫米短弹，后由于美国研制的T65式7.62毫米枪弹被选定为北约的统一口径，因此也采用了7.62毫米口径。

FN FAL自动步枪主要有4种型号：FAL50—00式，采用固定枪托、标准枪管，为标准型；FAL50—41式，采用固定式枪托，配两脚架和重枪管，作轻机枪用，有时也称FALHB；FAL50—63式，采用右折叠的金属枪托，但枪管较短；FAL50—64式，也配标准枪管，但枪托与FAL50-63式相同。

FN FAL自动步枪在不到6年的时间里，装备在比利时、加拿大、澳大利亚、英国、联邦德国、以色列、新西兰等国军队。在使用该枪的国家中，有的是仿制时稍加改进以适合本国需要，有的是特许生产。

该枪采用导气式工作原理，整个导气装置位于枪管上方。导气箍前端有可调整的螺旋顶塞，当调整到正常射击位置时，顶塞上的孔就和枪管上的导气孔对正，气体便可以进入导气箍进而作用于活塞头。此时，顶塞上方露出字母A。再旋转180°时，导气孔即被堵住，枪呈非自动状态。此时，顶塞上方露出字母Gr，意即发射枪榴弹。

↑拆卸后的FN FAL步枪

↓装有瞄准镜的FN FAL7.62毫米自动步枪

←比利时国营赫斯塔尔公司 FN FAL7.62 毫米50—00式自动步枪

FN FAL 自动步枪活塞筒的前端置于导气箍内，与气体调节器相连接。调节器上有 3 个孔，和导气管上的排气孔对准的孔越小，作用于活塞上的火药气体就越多。由于整个导气装置装在枪管上方，所以全枪的重心落在枪膛轴线上，因此射击时，枪的后坐不会引起枪口上跳，枪管前端有消焰器(兼作枪榴弹发射器座)。

枪机框位于枪机上方。机框连杆用铰链结合于机框后端。机框后坐时，通过连杆压缩枪托中的复进簧，复进簧伸张，又通过连杆推动机框复进。机框内有开、闭锁斜面，在自动循环过程中与枪机上对应的开、闭锁斜面相互作用，使枪机后端上抬或下落，完成开、闭锁动作。机匣左侧有机柄和拉杆，关上机柄的保险卡笋，拉杆就不能向后移动。快慢机有保险、单发和连发 3 个位置。

发射机座后端与枪托及枪托内的复进簧套管相连接。发射机座内装有机匣卡笋、扳机、击发阻铁、击锤和不到位保险阻铁。枪管护木后端卡在固定环中，前端由横销固定。后期生产的型号用金属护筒代替了木制护木。

该枪采用机械瞄准具，柱形准星高度可调，准星护翼和导气箍连为一体。觇孔式立框表尺板可以横向移动。

FN FAL7.62 毫米自动步枪坚实可靠，精度好，使用方便，分解简单，气体调节器结构新颖，能发射枪榴弹，使用北约 7.62 × 51 毫米枪弹。

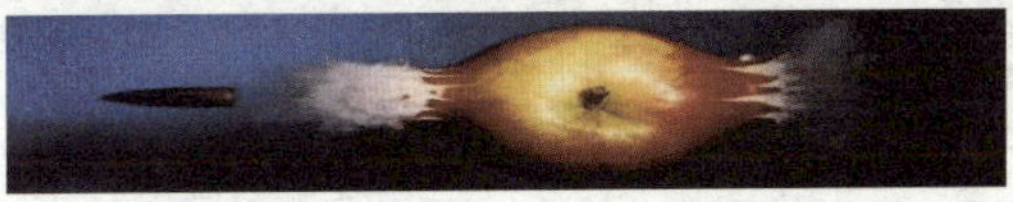

G3式7.62毫米自动步枪

兵器档案

名称：G3式7.62毫米自动步枪
产地：德国
容弹量：20发
全枪长
固定式枪托型：102.5厘米
伸缩式枪托型：84.0厘米
枪管长：45.0厘米
全枪质量（不含弹匣）
固定式枪托型：4.4千克
伸缩式枪托型：4.7千克
配用弹种：北约7.62×51毫米枪弹

G3式7.62毫米自动步枪是德国赫克勒—科赫有限公司在西班牙的赛特迈58式7.62毫米自动步枪的基础上稍加改进而成的。1959年9月30日，第一批G3式步枪正式装备联邦德国国防军。

现装备的G3式步枪有多种型号：G3A3式，采用塑料枪托，为标准型步枪；G3A4式，采用伸缩式金属枪托；G3A3ZF式，配用光学瞄准镜，作狙击步枪用。

G3式步枪与西班牙的赛特迈步枪结构相差不大，主要区别在于机头不同。该枪采用半自由枪机式工作原理，机头有两个滚柱，靠机体中闭锁楔铁前端斜面的作用而被挤出，并卡入枪管节套的闭锁槽，实现闭锁。同时，机头卡扣在弹簧作用下，将机头、闭锁楔铁和机体紧紧地扣合在一起，防止闭锁后枪机反跳开锁。

G3式步枪的发射机构是一个独立的组合件，用连接销固定在机匣上。机匣为冲压件，两侧有凹槽，起导引枪机和固定枪尾套的作用。枪管装于机匣之中的管状节套下方，采用普通膛线，弹膛内壁开有12条纵向槽，以减小抽壳阻力。管状节套里容纳装填杆和枪机的前伸部。枪口部有螺纹，并有一个锯齿形的圆环，用以安装消焰器固定卡簧或空包弹发射附件。

该枪配有光学瞄准镜和主动式红外瞄准具。使用北约7.62×51毫米枪弹。

↑ G3式7.62毫米自动步枪

QBZ95式5.8毫米自动步枪

兵器档案

名称：QBZ95式5.8毫米自动步枪
产地：中国
容弹量：30发
全枪长：74.6厘米
枪管长：46.3厘米
全枪质量：3.25千克
配用弹种：5.8×42毫米 87式小口径枪弹

1987 年，我国第一代小口径步枪完成设计定型，命名为 QBZ87 式 5.8 毫米自动步枪（简称 87 式自动步枪），并开始少量试制，配发部队试用和征求意见。根据部队试用所提的意见，87 式自动步枪不能完全满足军方使用要求，因此在 1989 年军方使用部门又提出研制第一代 5.8 毫米小口径班用枪族，并提出更高的战技指标要求。

经过 6 年时间的研制，新型枪族中的自动步枪和轻机枪于 1995 年设计定型，分别命名为 QBZ95 式 5.8 毫米自动步枪（简称 95 式自动步枪）和 QBB95 式 5.8 毫米班用机枪（简称 95 式班用机枪）。

95 式枪族为无托结构，导气式自动方式，机头回转式闭锁，可单、连发射击，供弹具有 30 发塑料弹匣和 75 发快装弹鼓两种，机械瞄准具为觇孔式照门。枪族内自动机构件完全通用，步枪与机枪之间通用件占很大比例，如：机头、机框、枪机、复进簧、击发机、发射机、弹匣和弹鼓以及带杠杆缓冲装置的枪托，十分有利于生产和维修，并大量采用高强度轻型材料，如高硬铝合金，工程塑料等，显示出我国枪械制造工艺的巨大进步。枪族内不同型号间的主要区别在于枪管长度。

与国外小口径自动步枪 M16 相比，95 式步枪长度小、重量轻，而且还有两个优点是 M16 无法匹敌的：一是威力大，其所用的 5.8 毫米普通弹同北约 5.56 毫米 SS1109 弹、俄罗斯 5.45 毫米 7N6 弹相比，弹头重，枪口动能大，中远距离存速能力强，外弹道直射距离也比较远，在同等距离内的侵彻力和杀伤威力比前两者强得多；二是可靠性强，这一点是我国枪械的“光荣传统”，毫不夸张地说，95 式枪族所通过的国家靶场的可靠性试验，足以让西方的小口径步枪望而却步。

←95 式不完全分解图及其配用子弹

AK-47式7.62毫米突击步枪

兵器档案

名称：AK-47式7.62毫米突击步枪

产地：苏联

容弹量：30发

有效射程：300米

全枪质量：4.3千克

枪托折叠时枪长：699毫米

AK-47 式 7.62 毫米突击步枪是苏联著名枪械设计师卡拉什尼科夫设计的，俗称冲锋枪，从研制到装备部队时间很短。

第二次世界大战结束前，N·M 耶里萨罗夫和 B·V·瑟明研制成一种名为 M43 式 7.62 毫米中间型枪弹。为发射此弹，许多枪械设计师设计了样枪，其中有西蒙诺夫、苏达耶夫、斯帕金、布尔金、捷格加廖夫等。

西蒙诺夫的样枪叫 CKC45 式，是第一支发射 M43 式 7.62 毫米新枪弹的步枪。苏达耶夫于 1944 年也研制出了他的样枪。卡拉什尼科夫于 1946 年才研制出样枪，经过多次评审试验，卡氏样枪击败了所有对手而被采纳，并于 1947 年定型，1949 年装备部队。苏军摩托化步兵部队、空军和海军的警卫、勤务人员使用木制或塑料制固定枪托型，伞兵、坦克兵和特种分队使用折叠金属枪托型。

AK-47 式突击步枪是装备范围相当广泛的步枪，除苏军外，世界上有 30 多个国家的军队装备，有的还进行了仿制或特许生产。以色列的加利尔 7.62 毫米步枪和芬兰的瓦尔梅特 M60 式、M62 式、M82 式 7.62 毫米步枪，就是参照 AK-47 式设计的；波兰的 PMK—DGM—60 式和南斯拉夫的 M64 式 7.62 毫米步枪也是它的仿制品。

该枪于 20 世纪 50 年代末由其改进型 AKM 7.62 毫米突击步枪取代。

↑ *卡拉什尼科夫和他设计的 AK-47 突击步枪的原型枪*

↑ *AK-47 突击步枪优秀的性能得到了大家的认可。*

↑ *世界上最昂贵的 AK-47 是萨达姆在执政时期特制的专用武器，这把 AK-47 是用黄金打造的。*

FAMAS5.56毫米突击步枪

兵器档案

名称：FAMAS5.56毫米突击步枪
产地：法国
容弹量：25发
全枪长：75.7厘米
枪管长：48.8厘米
全枪质量（不含弹匣）：3.61千克
配用弹种：美国M193式5.56×45毫米枪弹，北约SS109式5.56×45毫米枪弹

↑ 法国 FAMAS 突击步枪

↑ FAMAS 型 5.56×45 毫米突击步枪

FAMAS5.56 毫米突击步枪是一种无托型小口径自动步枪。该枪在 1967 年开始研制，主设计师是轻武器专家保罗·泰尔。

FAMAS 步枪除标准型以外，还有 FAMAS 出口型、FAMAS 民用型；FAMAS 突击队员型，最新改进型是 FAMAS—G2，还有作为法国未来单兵战斗系统 ECAD 的武器平台的 FAMAS FELIN 近年也经常在防务展览中露面，但该型号尚在试验当中。

FAMAS5.56 毫米突击步枪结构紧凑，整个外壳（包括提把）均用增强塑料制成，这样既减小了武器质量，又可保护易损部件，还可作为有效的绝热层。该枪取消了活塞、活塞筒和导气箍等部件，也有助于减轻质量。由于枪管和击发机构尽可能地后移，全枪长度大为缩短，它是世界上现装备中长度最短的步枪（但现在这个荣誉被中国的 95 式步枪夺去了），因此携带方便。

FAMAS5.56 毫米突击步枪的缺点是枪身太短，对拼刺不利，采用机匣为枪托结构，贴腮部恰好在弹膛上方，倘若炸膛，容易伤及射手脸部，这是该枪的不足之处。

枪管系用普通钢制作，没有镀铬，弹膛刻槽。枪管组件包括机匣、击发机构和复进簧，消焰器可作枪榴弹插座。机匣用轻合金制成，枪的其他部件均用连接销固定在机匣

上。扳机位于击锤前方，并离击锤有相当一段距离，两者用一根长的连杆连接，扣压扳机即带动连杆向前运动。

自动机包括枪机、机框、延迟杠杆。机头可以卸下，上面装有真、假拉壳钩，这样的设计方便左撇子射手。

枪托凸起部内有减震装置（缓冲簧和防跳器），枪托前部有两个抛壳孔，每个孔有转动的贴腮封堵，以供左、右手射手使用。

提把为方拱形，可作瞄准具座，并起保护准星、照门和拉机柄的作用。两脚架可折叠、拆卸，刺刀可作匕首。

FAMAS5.56 毫米突击步枪采用机械瞄准具，由片状准星和表尺组成。准星装在圆柱形准星座上方，准星座用固定销固定在枪管上。准星罩上配备一个供夜间射击用的发光准星和一个供发射枪榴弹用的可卸式概略瞄准具。

表尺装在一个位于复进簧套筒上方的圆柱形表尺座上，觇孔式照门由两块折叶板构成。

↓ *法军手里的 FAMAS 型 5.56×45 毫米突击步枪*

此外，提把上还配有瞄准镜座，可安装昼夜用光学瞄准镜。

FAMAS5.56 毫米突击步枪既可发射北约 SS109 式 5.56 毫米枪弹，也可发射美国 M193 式 5.56 毫米枪弹。

法国研制该枪的指导思想是既能取代 MAT49 式 9 毫米冲锋枪和 MAS 49 / 56 式 7.5 毫米步枪，又能取代一部分轻机枪。第二次世界大战后，法国人认为把他们的 7.5×54 毫米步枪弹改进一下就可以现代化了，因此在步枪小口径热时，法国人还在摆架子，好像很有主见的样子，当时研究的 FAMAS 仍是 7.5×54 毫米口径的。可是到了 1970 年，法国终于还是决定向其他北约国家看齐，将 FAMAS 改为发射雷明顿 M193 枪弹。1971 年 St·Etienne 提交了 10 支样枪供法国步兵团试验，经过两年的试验后对某些部件做了修改，并增加了三发点射控制装置后，于 1979 年向法国陆军提交了第一批的 FAMAS F1，并首先装备伞兵部队。

FAMAS 的外形非常有特色，自带的两脚架，长长的整体式瞄具提把，枪机置于枪托内，抛壳方向可以左右两边变换。有单发、三发点射和连发 3 种射击方式。

FAMAS 不需要安装附件即可发射枪榴弹，包括反坦克弹、人员杀伤弹、反器材弹、烟雾弹或催泪弹。而且 GIAT 为其研究了有俘弹器的枪榴弹，因此不需要专门换空包弹就可以直接用实弹发射。

最初推出的型号为 FAMAS F1，随法军参加过乍得战争和海湾战争，在沙漠风暴行动中表现尚可（不是表现特别的好，也没有致命的缺点），后来经过改进，新推出的改进型为 FAMAS G2。

F1 和 G2 都各有一种短枪管的型号，称为短型 FAMAS，枪管长 406 毫米，由于枪身更短，适合经常要出入载具作战的机械化步兵使用。另外，FAMAS 还有过一种半自动的型号通过 Century International Arms 公司出口到美国。

AR-10式7.62毫米突击步枪

兵器档案

名称：AR-10式7.62毫米突击步枪
产地：美国
容弹量：20发
全枪长：102.9厘米
枪管长：50.8厘米
全枪质量（不含弹匣）：4.1千克
配用弹种：北约7.62×51毫米枪弹

AR-10 式 7.62 毫米突击步枪是第二次世界大战后出现的几种比较令人瞩目的自动步枪之一，它由美国阿玛利特公司的尤金·斯通纳研制，最初是作为突击步枪设计的，后来发展成包括冲锋枪和轻机枪在内的武器族。

AR-10 式 7.62 毫米突击步枪的设计有它的独到之处，大量采用轻金属和非金属材料，与众不同的导气管式工作原理、三用提把结构等。

AR-10 式 7.62 毫米突击步枪的导气装置包括枪管、导气箍、导气管以及由枪机和枪机框之间构成的气室。导气管通过枪机上的进气管与气室相通。导气箍内有气体调整螺，以调整流入气室中的气体量。

枪管内层镀铬，外层为铝。枪管外面套有塑料护木，枪口部有消焰制退器兼枪榴弹发射器座。导气孔距枪口的距离为枪管全长的 1／3，枪管尾端装有枪管节套。

机匣用铝合金制成，上方装有机柄和提把，提把兼做表尺座和保护机柄。机匣右侧有抛壳口，上有防尘盖。自动机由枪机、枪机框、击针、拉壳钩、抛壳挺等组成。枪机前端有 8 个闭锁突笋，闭锁时枪机向右旋转 22.5°。

发射机座也是用铝合金制成，其上安装发射机构。发射机座右侧有弹匣卡笋，左边是空仓挂机和快慢机。快慢机有保险、单发和连发 3 个位置。扳机位于握把、机匣和弹匣之间，扳机护圈可以向下打开，以便于士兵戴棉手套扣机。

复进装置装在直枪托内，由缓冲器、复进簧、复进簧导管及其阻销等部分组成。直形弹匣系用瓦楞铝冲压而成。

该枪采用机械瞄准具，准星为片状，表尺为觇孔式照门。准星和导气箍为一整体件。表尺安装在提把后部，分划为 200~700 米。使用北约 7.62×51 毫米枪弹。

←旧版的 AR-10 式突击步枪

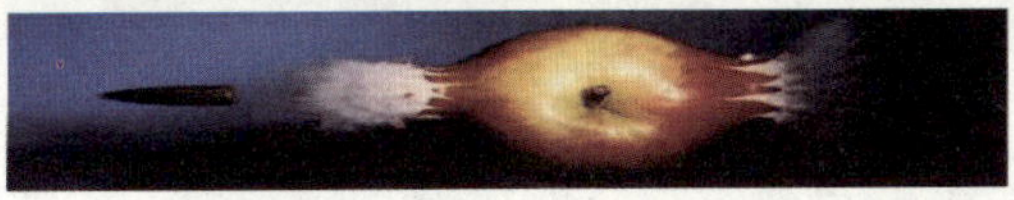

L85A1式5.56毫米突击步枪

兵器档案

名称：L85A1式5.56毫米突击步枪
产地：英国
容弹量：30发
全枪长：78.5厘米
枪管长：51.8厘米
全枪质量
不含弹匣和光学瞄准镜：3.8千克
含实弹匣和光学瞄准镜：4.98千克
配用弹种：北约SS109式5.56×45毫米枪弹

↓疯狂射击

20世纪80年代初，英国恩菲尔德轻武器厂将其研制的XL70E3式样枪交付英国部队试验。1985年10月2日，英国陆军正式接收第一批步枪，称为恩菲尔德SA80式，后来正式命名为L85A1式5.56毫米单兵武器，也就是L85A1式5.56毫米突击步枪。

后来，由于恩菲尔德轻武器厂的关闭，该枪转由航空航天防御有限公司生产。

L85A1式5.56毫米突击步枪既具有老式步枪精确瞄准射击的特点，又具有冲锋枪火力猛烈、灵活机动的优点，是一种性能较好的单兵武器。

枪机由机框和机头组成。机头上有多个突笋，转动一个小角度就能完成闭锁。拉机柄同机匣相连，射击时随机框一起前后运动。后坐杆有随枪机前后运动的长导杆和复进簧导杆。

←装上微光瞄准镜的 L85A1 式突击步枪

→L85 系列紧凑型，小握把安装在枪管下方延伸出来的护木导轨上。

下机匣上装有扳机、握把、弹匣套座和托底板等。握把内装有卡销式准星和照门，以应急用。发射机构是一个完整组件，用两个销子与机匣结合。

L85A1 式 5.56 毫米突击步枪采用导气式工作原理，活塞短行程和闭膛射击方式，它由枪管与上机匣、气体调节器与枪管节套、活塞杆、下机匣与发射机构、后坐杆和弹匣等组成。

枪管螺接在枪管节套上，节套经压配合后焊接在机匣上。枪管口部装有消焰器，其外径 22 毫米，能发射西欧各国的枪榴弹，也能作为刺刀座。机匣上方的滑座既可装带照门的提把，又可装光学瞄准镜。

气体调节器上有三个位置：正常气孔、加大气孔、关闭气孔。加大气孔供恶劣条件下使用，关闭气孔供发射枪榴弹时使用。射击时活塞在火药气体推动下后退，传递后坐冲量，经过一个短行程以后，由四个径向孔排出废气。

L85A1 式 5.56 毫米突击步枪能与美国的 M16A2 式步枪弹匣通用，弹匣容弹量 30 发。该枪还配有 10 发弹夹。发射北约 SS109 式 5.56×45 毫米枪弹。

该枪无托即以机匣为托，其优点是尺寸小，携行方便，有利于在狭小空间内战斗。缺点是只能抵右肩射击；弹膛上方是射手贴腮位置，万一发生膛炸将产生严重后果；枪身短，对拼刺不利。

除步兵部队使用的 L85A1 式步枪采用 SUSAT 氚光瞄准镜外，其他部队使用的 L85A1 式步枪采用机械瞄准具，片状准星装在导气箍上，双觇孔照门表尺装在提把内。

← L85A1 无托突击步枪是一种性能较好的单兵武器。

巴雷特M82A1大口径狙击步枪

兵器档案

名称：巴雷特M82A1大口径狙击步枪
产地：美国
容弹量：10发
全枪长：144.78 厘米
枪管长：73.67厘米
全枪质量：12.9 千克
配用弹种：2.7×99毫米勃朗宁机枪弹

↓ 早期的 M82A1 的枪口制退器是圆柱形的。

巴雷特 M82A1 是当今使用最广泛的大口径狙击步枪（反器材步枪）之一。目前，已被英国、法国、比利时、意大利、丹麦、芬兰、希腊、意大利、墨西哥、葡萄牙、土耳其等 30 多个国家的军队或警察部队采用。

M82A1 半自动狙击步枪采用枪管短后坐原理，半自动发射方式。枪管短后坐原理是著名枪械设计师勃朗宁开发的，而巴雷特将这一原理改进，使之适合作为肩射武器的自动原理。

M82A1 自带机械瞄具，也可安装光学瞄具。原枪配用巴雷特公司的 10 倍瞄准镜，而海军陆战队所用的则是与 M40A1 相同的 10 倍犹尼托瞄准镜。巴雷特 M82A1 的后坐力很小，这是因为一部分后坐能量作用于枪管、枪机和枪机框的向后运动及压缩复进簧。另外，枪本身也吸收了部分后坐能量，但最主要还是其高效的枪口制退器减少了大部分的后坐力，这就保证了射击时的舒适性及射击精度。

枪托底部还有一个特种橡胶后坐垫，后坐感觉比 12 号口径的霰弹枪要好，而后坐力明显比 7.62 毫米口径的步枪要小。

↑ 巴雷特 M82A1 大口径狙击步枪正在瞄准射击

↓ 巴雷特 M82A1 大口径反器材狙击步枪在国际军火界拥有“重狙击之王”的赞誉。

加利尔7.62毫米狙击步枪

兵器档案

名称：加利尔7.62毫米狙击步枪
产地：以色列
容弹量：20发
全枪长
枪托打开：111.5厘米
枪托折叠：84.0厘米
枪管长（不含枪口制退器）：50.8厘米
全枪质量（不含弹匣，含两脚架和背带）：6.4千克
配用弹种：北约7.62×51毫米枪弹

↑ 加利尔 7.62 毫米狙击步枪

20 世纪 70 年代，以色列生产了西尔基斯半自动狙击步枪。后来，以色列军事工业公司在以色列国防军的密切配合下，进一步完善了西尔基斯狙击步枪的结构，研制了新的加利尔半自动狙击步枪。1983 年以后，该公司开始生产这种狙击步枪。

加利尔 7.62 毫米狙击步枪的自动方式和结构与加利尔突击步枪一样，但在设计中也吸取了西尔基斯狙击步枪生产和使用的经验，因此具有一些独到的特点：两脚架安装在前护木的下方，与机匣相连，携带时可以向前折叠；采用重型枪管有助于提高精度；精铸而成的光学瞄准镜座安装在机匣的侧面，基座长，支撑瞄准镜时稳定；瞄准镜座和瞄准镜可以迅速、容易地装卸而不影响调整归零，并可安装任何夜视瞄准具。

加利尔 7.62 毫米狙击步枪配有枪口制退器和补偿器，目的是减少枪口上跳并可迅速调整归零。

该枪采用两道火扳机，保险销位于小握把的上方。木制枪托可以向右折叠，以便减小武器携行长度。如果打开枪托，则它与机匣结合十分牢固。枪托有贴腮板和橡胶后坐缓冲垫，两者均可调整。

加利尔 7.62 毫米狙击步枪采用由片状准星和觇孔照门式表尺组成的机械瞄准具，也可采用猎人 640 光学瞄准镜或夜视瞄准具。采用北约 7.62×51 毫米枪弹。

恩菲尔德L42A1式7.62毫米狙击步枪

兵器档案

名称：恩菲尔德L42A1式7.62毫米狙击步枪
产地：英国
容弹量：10发
全枪长：118.1厘米
枪管长：69.9厘米
全枪质量（不含枪弹）：4.43千克
配用弹种：北约7.62×51毫米枪弹

第二次世界大战期间，英军为了弥补狙击步枪数量不足这一缺陷，选择了2500支枪管较好的恩菲尔德NO.40.303英寸步枪进行改造。改进后的狙击步枪型号称恩菲尔德NO.4Mark1（T）式。

↑ L42A1式7.62毫米狙击步枪及其配置

随着军事技术的提高，恩菲尔德狙击步枪技术越来越落后，恩菲尔德轻武器厂对NO.4Mark1（T）式狙击步枪进行了改进，研制出了L42A1式7.62毫米狙击步枪。

↓ 英国SAS特种部队狙击手

L42A1式7.62毫米狙击步枪的主要结构与L39A1式相同，包括采用10发装梯形弹仓供弹；与L39A1式不同的是扳机与扳机护圈销接在一起，而不是装在机匣上。两道火扳机的拉力可分别在13.33~17.74牛和22.25~28.91牛两个范围内调整。

L42A1式7.62毫米狙击步枪木制枪托很长，一直延伸到枪管中部，贴腮板也是木制的。护木上和枪托后面分别固定有前、后背带环，扳机护圈前面的螺钉上还装有一个附加背带环。

该枪采用L1A1式步枪的光学瞄准镜，瞄准镜座上也可安装像增强瞄准具。另外配有机械瞄准具。准星为开裂式，焊接在枪管上，可调节高低。准星可以0.381毫米递增，在0.7623~1.905毫米范围内调整归零。

该枪采用北约7.62×51毫米枪弹。

SSG3000式7.62毫米狙击步枪

兵器档案

名称：SSG3000式7.62毫米狙击步枪
产地：瑞士
容弹量：5发
全枪长：118.0厘米
枪管长（不含枪口装置）：61.0厘米
全枪质量（不含瞄准镜）：5.4千克
配用弹种：北约7.62×51毫米枪弹

↑ *SSG3000 式 7.62 毫米狙击步枪的瞄准镜*

↓ *SSG3000 式 7.62 毫米狙击步枪*

SSG3000 式 7.62 毫米狙击步枪是瑞士工业公司以绍尔 200STR 式运动步枪为基础，结合最新的武器生产技术研制成功的。

SSG3000 式狙击步枪采用模块式结构，分解、结合容易，维护简单。

该枪枪管和机匣螺接在一起，扳机系统和弹仓连为一体，固定在机匣里。机匣座用一整块钢坯做成，枪管与枪机之间是锁定的，这样射击时作用于枪机上的压力不会传递到机匣上。轻型击针打击底火行程短，使枪机闭锁时间极短。

重型枪管冷锻而成，枪口有制退器／消焰器。两道火扳机既可双动，又可单动，其行程和扳机力可以调节。扳机上方的保险卡销将扳机、击针和枪机锁住。击针头上的膛内有指示销，显示枪机已经闭锁。

木制胶合板枪托的设计十分符合人机工程学，减轻射手长时间抵肩射击时产生的疲劳。托底板的长、短、高、低可调，也可以偏移或倾斜。包括枪托、枪机和机匣整个系统都可以改为左撇子射手操作的系统。前托下有安装两脚架和枪背带的导轨。需要时可以使用 0.22LR 步枪的全套零部件。

SSG3000 式狙击步枪没有固定机械瞄准具，制式瞄准具是专门为其设计的亨索尔德 1.5~6 ×24 B L 光学瞄准镜，但也可以采用北约的标准瞄准镜座，安装其他瞄准镜。该枪采用北约 7.62×51 毫米枪弹。

SVD狙击步枪

兵器档案

名称：SVD狙击步枪
产地：苏联
容弹量：10发
全枪长：122厘米
枪管长：62厘米
全枪质量（含PSO-1瞄准镜和空弹匣）：4.3千克
配用弹种：7.62×54毫米 R的专用弹7N1

苏联军队在 1963 年选中了由德拉贡诺夫设计的狙击步枪代替莫辛－纳甘狙击步枪，称为СВД（СнайперскаяВинтовкаДрагунова）狙击步枪，英文为SVD（Snayperskaya Vinyovka Dragunov），通过进一步的改进后，在 1967 年开始装备部队。除苏联外，埃及、南斯拉夫、罗马尼亚等国家的军队也采用和生产 SVD。中国仿制的 SVD 为 1979 年定型的 79 式狙击步枪及改进型 85 式。

SVD 实际上是 AK–47 突击步枪的放大版本，但发射机构更简单。由于 SVD 发射的 7.62×54 毫米 R 弹是突缘弹，而且威力比 AK–47 配用的 7.62×39 毫米 M43 弹威力大得多，因此枪机机头要重新设计，并强化以承受高压。不过由于只能单发射击，所以击发和发射机构比较简单，主要零件是击锤、单发杠杆以及靠机框控制的保险阻铁，有单独的击锤簧和扳机簧。

为了提高精度，SVD 的导气活塞与 AK–47 的不同，AK–47 的活塞与枪机框成一整体，而 SVD 采用短行程活塞的设计，导气活塞单独位于活塞筒中，在火药燃气压力下向后运动，撞击机框使其后坐，这样可以降低活塞和活塞连杆运动时引起的重心偏移，从而提高射击精度。机框后坐时的开锁原理与 AK 相同，开锁后的一切抛壳、复进、装填动作也与 AK 基本相同。

↑ *SVD 狙击步枪的结构特点展示*

SVD 枪管前端有瓣形消焰器，长 70 毫米，有 5 个开槽，其中有 3 个位于上部，2 个位于底部。这样，从消焰器上部排出的气体比从底部排出的气体要多，实际效果是将枪口下压从而在一定程度上减轻枪口上跳。另外，消焰器的前端呈锥状，构成一个斜面，将一部分火药气体挡住并使之向后，以减弱枪的后坐。在准星座下方有一个刺刀座，可安装刺刀，这一点与目前绝大多数的狙击步枪都不一样。

SVD 所配用的是专门开发的狙击弹，精度更高，威力更大，在 1000 米的距离内仍有很强的杀伤力。另外，还有的专用的曳光穿甲燃烧弹。当然，SVD 也可以发射普通的 7.62 × 54 毫米 R 机枪弹。

SVD 的枪托设计是把一般的木质枪托握把的后方及枪托的大部分都镂空，既减轻重量，又能自然形成直形握把，枪托抵肩的质心也比较接近枪管轴心线，能更好地控制枪口上跳。在枪托上有一个可拆卸的贴腮，枪托长度不可调。SVD 的扳机护圈较大，士兵戴棉、皮手套也可射击。

SVD 标配的瞄准镜是 4 × 24 毫米的 PSO–1（Pritsel Snaipersky，Optichesky）型瞄准镜，瞄准镜全长 375 毫米，视场 6°，放大倍率为 4 倍，瞄准镜的分划板上有 3 个距离分划，每个分划 100 米。瞄准镜上有光源和电池，夜间可以照亮分划板。另外，还有一种可以旋转安装上瞄准镜的红外滤光器，用于在夜间射击时过滤外部红外光源，但瞄准镜本身没有夜视能力。由于 SVD 的机匣就是 AK 式的，因此瞄准镜的安装座只能装在机匣左侧。

↓ SVD 的威力很猛

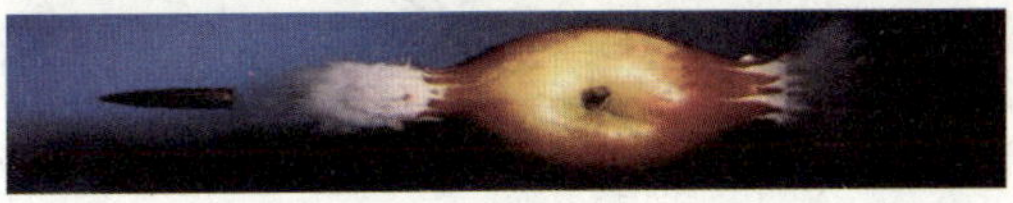

К П В 14.5毫米高射机枪

兵器档案

名称：К П В 14.5毫米高射机枪
产地：苏联
容弹量：100发
全枪长
战斗状态：433.0厘米
行军状态：454.5厘米
全枪宽
战斗状态：268.0厘米
行军状态：186.0厘米
全枪高（枪身水平）
战斗状态：197.0厘米
行军状态：233.0厘米
枪管长：134.6厘米
枪身质量：49.1千克
配用弹种：14.5×14毫米枪弹

К П В 14.5 毫米高射机枪是在第二次世界大战后，由苏联弗拉季米诺夫设计并于 20 世纪 50 年代装备部队，可装在单管、双联或四联枪架上的大口径机枪。

该枪自动方式是枪管短后坐式。

装有膛口助退器，这样提高了射速。闭锁方式是机头回转式。闭锁时，机头的断隔螺与枪管上的断隔螺扣合。供弹方式是弹链供弹，属双程进弹、单程输弹。如改变供弹机构中几个零件的位置，即可反向供弹，便于多联安装。

发射方式是连发射击。击发后，枪管与枪机一起后坐，走完自由行程时，加速器上的外滑轮在机匣上的开锁加速槽上滚动，迫使机头回转，实现开锁。而且，由于加速器的作用，加速了枪机体后坐，从而使枪机体进一步带动机头后坐，并完成其他自动动作。

该枪采用光学瞄准具，由斜距装定器、斜距修正器、航路航速装定器、平行瞄准器、航路确定器、高射瞄准镜以及平射瞄准镜等组成。另外，在枪身上尚有机械瞄准具，准星为圆柱形，表尺为正切型 U 形表尺。而且它是多管联装，这大大提高了它的射击威力。

该枪发射苏联 14.5×14 毫米枪弹，包括穿甲燃烧弹、穿甲燃烧曳光弹。

↑ К П В 14.5 毫米高射机枪

龙文兵器小百科 机枪

旧称“机关枪”。带有两脚架、枪架或枪座，能连发射击的枪械。可用于射击有生目标、薄壁装甲目标和火力点。通常可分为轻机枪、通用机枪、重机枪和大口径机枪；按使用特点还可分为地面机枪（包括高射机枪）、车载机枪、航空机枪和舰艇机枪。

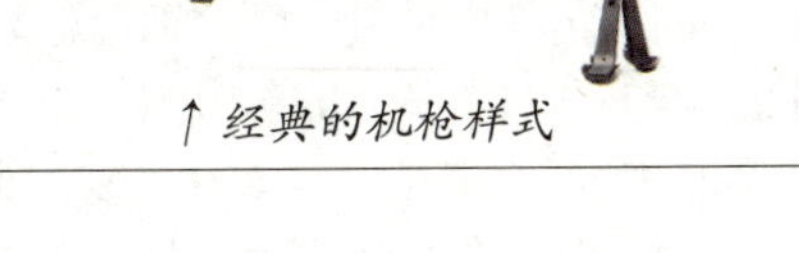

↑ 经典的机枪样式

ПК 7.62毫米机枪系列

兵器档案

名称：ПК7.62毫米机枪系列
产地：苏联
容弹量：50发、100发、200发、250发
全枪长：116.0厘米
枪管长：65.8厘米
全枪质量（不含弹链）：9千克
配用弹种：1908年式7.62×54毫米R枪弹

↑ 学习分解枪支的伊拉克内务部新兵（仿造AK-47的中国56式）

ПК7.62 毫米机枪系列是苏联采用 AK–47 式突击步枪的工作原理在 20 世纪 50 年代设计的两用机枪。ПК 机枪系列有多种型号，可以完成不同的功能。

配装两脚架作连用机枪的称 ПК；配装轻型三脚架作重机枪的称 ПКС；配装在坦克上的并列机枪称 ПКТ；配装在装甲运兵车上的机枪称 ПКБ。ПКМ 是 ПК 机枪的改进型，相应的有 ПКМС、ПКМБ、ПКМТ 等型号。

上述几种机枪均可有效地对付 800 米处的集结有生目标，但如用 ПКБ 和 ПКМБ 机枪对空射击时，有效射高为 600 米。

ПК 机枪系列结构简单，动作可靠，可作轻、重机枪等多种机枪使用。

ПК 机枪系列的供弹机构综合了苏联 РП—46 式机枪、СГ—43 式中型机枪和捷克斯洛伐克 Vz52 式轻机枪的特点，采用弹链供弹，双程进弹，单程输弹。另外，它的进弹机构、输弹机构分别与 СГ—43 式中型机枪、Vz52 式轻机枪相同。ПК 机枪的弹链装在弹链盒中，而弹链盒分有 50 发装、100 发装、200 发装和 250 发装多种。当作轻机枪使用时，弹链盒装在机匣下方；而作重机枪使用时，弹链盒装在机匣的左侧，250 发弹链盒供坦克机枪用。发射机构与 РПД 轻机枪相同。ПК 机枪的枪管外表面有散热槽，而 ПКС 机枪的枪管外表面则没有，ПКТ 机枪则是采用较长的重型枪管。

该枪的瞄准装置是由圆柱形准星和弧形表尺组成。表尺板上的照门缺口为长方形，表尺板上刻有风偏修正分划，准星可上下左右调整，两侧有护翼。

该枪发射苏联 1908 年式 7.62×54 毫米 R 枪弹。

FN BRG-15式15毫米大口径机枪

兵器档案

名称：FN BRG-15式15毫米大口径机枪
产地：比利时
全枪长：215.0厘米
全枪质量（不含弹链）：60千克
配用弹种：15.5×106毫米脱壳穿甲弹

比利时FN BRG-15式15毫米大口径机枪是从1980年开始研制的，1989年开始少量生产，用来替换FN M2HB／QC13式重机枪。它的枪口动能高，穿甲能力强。

FN BRG-15式机枪采用传统的枪机回转闭锁机构和导气式工作原理。枪机闭锁时卡在枪管后部的延伸体内。枪管外部加工有散热用的纵向槽，枪口部装有消焰器。枪管可以快速更换，但活塞导杆组件也要同枪管一起更换。机匣是用冲压钢制成，内部装有缓冲器，所以能装在多种支架上进行射击。

↑ *FN M2HB式重机枪*

此枪突出特点是枪上有一个选择杆，可使射手选择供弹方向，因此可以左、右弹链供弹。此外，在使用特种弹药时，该枪可以单发射击。

该机枪共有4道保险机构：

一是通过转动供弹选择杆来锁住枪机；

二是当弹链取出时，将不能射击；

三是如果活动件没后坐到位，射击将被枪机框后边的卡笄限制；

四是当枪机未完全闭锁时，击针是锁定的。

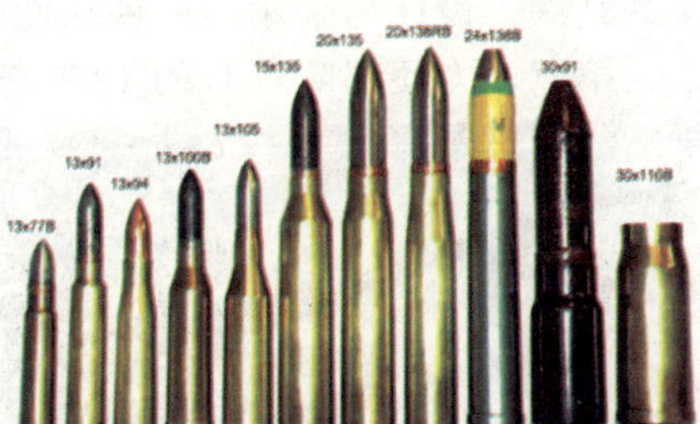

↑ *FN BRG-15式15毫米大口径机枪的子弹*

该枪采用机械瞄准具。前方有装在机匣前部的柱形准星，无护罩；后方有缺口式照门，可调高低和风偏。

该枪原发射15×106毫米穿甲弹，现发射15.5×106毫米脱壳穿甲弹等弹。

M2HB-QCB12.7毫米大口径机枪

兵器档案

名称：M2HB-QCB12.7毫米大口径机枪
产地：比利时
全枪长：165.4厘米
全枪质量：38.15千克
配用弹种：北约12.7×99毫米枪弹

勃朗宁 12.7 毫米重机枪是 1918 年美国应远征军的要求，在 7.62 毫米勃朗宁 M1917 式机枪的结构基础上发展而成的。1921 年生产定型时，命名为 0.50 英寸 M1921 式重机枪。随后又做了改进，采用气冷式枪管，减轻了质量，称为 0.50 英寸勃朗宁 M2 重机枪。1933 年经过进一步改进后，成为重枪管型，命名为 0.50 英寸勃朗宁 M2HB 重机枪。

此后，该枪一直被世界许多国家广泛采用，除美国大量生产外，英国、比利时等许多国家也大量仿制生产，作为地面重型支援武器、高射武器、航空武器以及车载武器而广泛使用。20 世纪 80 年代以后，随着部队装备的战斗车辆及飞机等防护的加强，比利时 FN 公司采取了以下重要措施，对 12.7 毫米机枪 / 弹药系统进行了大的改进。

首先，将 12.7 毫米勃朗宁 M2HB 重机枪改为 M2HB－QCB 枪管快速更换式重机枪。

其次，设计与采用了一种高性能枪弹——12.7 毫米 APEI169 穿甲爆炸燃烧弹。

第三，为使部队现有的 12.7 毫米机枪继续发挥作用，设计了一套简单可行的枪管快速更换装置。换上这套装置，现有的机枪都能快速更换枪管。

↑ *M2HB 重机枪在很多国家的武器装备系统中占有重要的地位。*

改进后的 12.7 毫米机枪 / 弹药新系统，大大地挖掘了弹药的威力潜力，使用性能更好，它可以在有效射程内摧毁掩体、对付轻型装甲车辆、轻型飞机和武装直升机以及各种小型舰船，而且在火力压制方面，还有特殊的威慑作用，从而使 12.7 毫米机枪停滞多年以后，又重新活跃起来，并继续在世界许多国家的武器装备系统中占有重要地位。

MG3式7.62毫米通用机枪

兵器档案

名称：MG3式7.62毫米通用机枪
产地：德国
全枪长：125.5厘米
枪管长（含枪管节套）：56.6厘米
全枪质量（不含弹链，含两脚架）：11.05千克
配用弹种：北约7.62×51毫米枪弹

MG3 式 7.62 毫米通用机枪是联邦德国加入北约组织后，以 MG42 式机枪为前身制成的。莱茵金属有限公司在 1959 年开始生产，型号定为 MG42／59 式，联邦国防军称它为 MG1 式，后来加以改进，定为 MG2 式，1968 年又进行改进，定为 MG3 式，并正式在军队列装。

↑ *MG3 式 7.62 毫米通用机枪*

MG3 式机枪不仅在德国生产且作为现装备，西班牙、葡萄牙、意大利和巴基斯坦等国也有特许生产权。装备该机枪的国家还有苏丹、伊朗、丹麦、智利、挪威、奥地利和土耳其等。

↓ *在战场上，MG3 式 7.62 毫米通用机枪发挥了巨大的威力。*

MG3 式机枪在结构上广泛采用冲压件和点焊、点铆工艺，生产工艺简单，成本低。该枪采用枪管短后坐式工作原理，中间零件闭锁机构。在射击时，用借助枪口助推器来加速枪管后坐，用枪机内的闭锁滚柱闭合或撑开来实现开闭锁。开锁时，机匣上的定形板开锁斜面迫使闭锁滚柱向内靠拢，滚柱挤压枪机内楔铁前部，使机体加速后坐，直到滚柱两端脱离闭锁支承面，实现开锁。闭锁时，当机头进入节套、即将复进到位时，楔铁前部斜面使滚柱向外运动进入节套内的闭锁槽内，实现闭锁。

该枪采用弹链供弹，双程输弹，单程供弹，射速高达 1300 发／分，既可平射，也可高射。

该枪瞄准具配有高射瞄准具和地面瞄准具两种。高射瞄准具是由前、后照准器组成，前照准器呈同心环状，后照准器位于表尺左侧，用时竖起。地面瞄准具是由准星和 U 形缺口式照门组成，可调风偏。照门可按分划调整，表尺分划为 200～1200 米。该枪采用北约 7.62×51 毫米枪弹。

Vz59式7.62毫米通用机枪

兵器档案

名称：Vz59式7.62毫米通用机枪
产地：捷克斯洛伐克
全枪长：121.5厘米
枪管长
轻枪管：59.3厘米
重枪管：69.3厘米
膛线：4条，右旋，缠距240毫米
全枪质量
含轻枪管，两脚架，不含弹链：8.67千克
含重枪管，三脚架：19.24千克
配用弹种：7.62×54毫米R枪弹

Vz59 式 7.62 毫米机枪是一种沿用 Vz52 式机枪的基本设计思想研制的两用机枪，一共有三种。配制：

1. 配装轻型枪管和两脚架作班用轻机枪；
2. 配装重型枪管和两脚架作连用机枪，型号定为 Vz59L 式；
3. 配装重型枪管和轻型三脚架，三脚架还可改装为高射枪架，型号定为 Vz59 式。

↑ 捷克斯洛伐克的 Vz52

↑ Vz59 式机枪的弹套

该枪结构简单，动作可靠，但初速低，平射散布大，作重机枪使用时太重。该枪采用导气式工作原理，卡铁摆动闭锁方式。导气箍上装有圆柱形气体调节器，其上开有 2 个气槽，平时只使用第一个气槽，而改型枪在使用北约 7.62×54 毫米枪弹时，有 4 个气槽，且在使用第四个气槽时射速高，但仅在高射时使用。

该枪供弹机构也很简单，采用开式不散金属弹链供弹，由枪机框曲线槽带动曲拐形拨弹臂上的拨弹滑板来实现一次供弹。因为枪管定位方式较好，便于消除枪管与机匣间的间隙松动，所以射击时枪管振动不大。消焰器虽短，但消焰效果好。

该枪瞄准具由柱形准星和带有 V 形缺口式照门的立框式表尺组成。

该枪采用苏联 7.62×54 毫米 R 枪弹。

FN MAG 7.62毫米通用机枪

兵器档案

名称：FN MAG 7.62毫米通用机枪
产地：比利时
供弹方式：弹链供弹
全枪长：122.5厘米
枪管长：54.5厘米
全枪质量（含枪托和两脚架）：10.85千克
配用弹种：北约7.62×51毫米枪弹

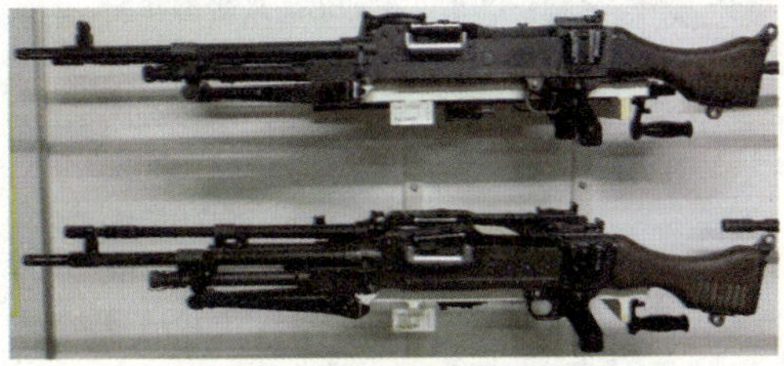

FN MAG7.62毫米通用机枪由比利时国营赫斯塔尔公司研制，主设计师是欧内斯特·费尔菲，20世纪50年代初定型投产，型号定为MAG，意为导气式机枪。该枪现装备于英国、美国、加拿大、比利时、瑞典等至少75个国家，是目前西方国家装备的主要机枪之一，总数达15万挺以上。

↑ FN MAG通用机枪

FN MAG机枪可作轻、重机枪使用，战术用途广，结构坚固，动作可靠。该枪采用导气式工作原理、闭锁杆起落式闭锁机构。自动机系仿美国勃朗宁M1918式7.62毫米自动步枪，闭锁杆起落式闭锁机构的闭锁部位有所改动。平时配两脚架，需要时可以装在三脚架式高射架上射击。

该枪机枪匣为长方形冲铆件，机匣与枪管节套用断隔螺连接，枪管可迅速更换。采用排气式气体调节器，射速可在600～1000发/分的范围内调节。

↓ FN MAG通用机枪在断壁残垣中

由于该枪把各种武器结构特点有机地结合在一起，取得了设计上的成功，因而在某些方面比美国的M60式机枪优越。

该枪采用机械瞄准具。准星为片状，准星座装在横向的燕尾槽中。表尺为立框式，可折叠。表尺平放时，射程装定为200～800米，表尺竖直后，射程装定为800～1800米。

美国向FN公司购买FN MAG通用机枪，编号为M240B。在伊拉克街头，人们常可看到身形壮硕的美国大兵斜挎着M240B机枪，提醒人们快离开这个是非之地。

L86A1式5.56毫米轻型机枪

兵器档案

名称：L86A1式5.56毫米轻型机枪
（恩菲尔德武器系统）
产地：英国
容弹量：30发
全枪长：90.0厘米
枪管长（含消焰器）：64.6厘米
全枪质量
不含弹匣和光学瞄准镜：5.4千克
含实弹匣：6.58千克
弹匣质量
空弹匣：0.12千克
30发实弹匣：0.48千克
配用弹种：5.56×45毫米枪弹

↑ *L86A1 式 5.56 毫米轻型机枪正准备发射。*

L86A1 式 5.56 毫米轻型机枪的设计原理和 L86A1 式、L85A1 式相同，外形也相似，它是 L86A1 式单兵武器（突击步枪）的重枪管型，所以又可称之为 SA80 式轻机枪。

该枪在结构上与 L85A1 式突击步枪基本相同，是一种导气式武器，采用枪机回转闭锁方式，由 30 发弹匣供弹。导气系统属活塞短行程结构，由活塞、活塞杆和导气节套等组成。活塞调节孔有两个选择尺寸：正常的和加大的，而闭锁系统为多突笋的机头闭锁系统。另外，枪机的结构设计可保证枪机在开锁（没有完全闭锁）的情况下，不会打击枪弹底火。枪的消焰器外径尺寸是标准的。

该枪瞄准装置（包括准星和照门）是传统的机械式，如想要提高在能见度不良条件下的作战性能，可配装氚光瞄准镜（放大率 4 倍，视场 10°）。此外，该枪也能配装被动式夜视瞄准具。

该枪发射各种 5.56×45 毫米枪弹，包括普通弹、曳光弹、枪榴弹、训练用的空包弹和减装药教练弹等。英国陆军现已装备 8000 挺 L86A1 式。

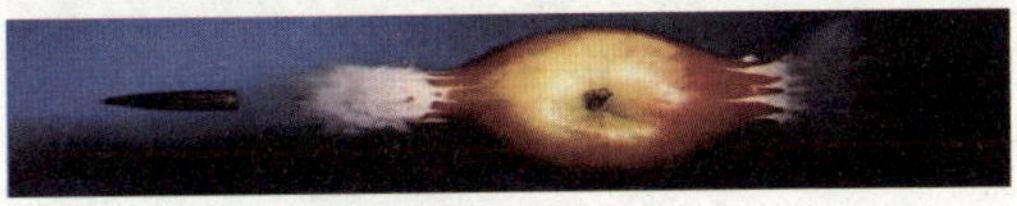

维克斯Mark1式0.303英寸机枪

兵器档案

名称：维克斯Mark1式0.303英寸机枪
产地：英国
容弹量：250发
全枪长：115.6厘米
枪管长：72.4厘米
全枪质量
不含冷却水：15千克
含冷却水：18.2千克
配用弹种：Mark7Z式和Mark8Z式0.303英寸枪弹

维克斯 Mark1 式 0.303 英寸机枪是由维克斯公司所完成的马克沁机枪的改进型，因此也曾被称为维克斯–马克沁机枪。英军在 1912 年 11 月正式装备此枪，并且两次世界大战中均使用了此枪。1968 年，英军正式宣布该枪退出现役，此后该枪在一些英联邦国家里继续使用了一段时间，在 1972 年的印巴战争中，巴基斯坦军队最后使用了该枪。

↑↓维克斯 Mark1 式 0.303 英寸机枪

该枪采用的工作原理是枪管短后坐式，闭锁机构为曲柄连杆式。闭锁时，两个连杆臂在机匣内成水平状。

在开锁时，枪管与枪机共同后坐 6 毫米、膛内压力下降到安全限以下，曲柄连杆后部的开锁凸轮撞击机匣侧壁上的卡笋，使连杆翻转而实现枪机开锁。

供弹方式是以弹链供弹为主的，击发机构是击针击发式。机头端面的抓弹器可上下移动，在枪机后坐抽出弹壳的同时抓取一发新弹，抓弹器被上盖板上的斜面下压，使新弹对准弹膛的同时将弹壳抛出。往枪管外套容量 4.1 升的水筒，连续射击 3 分钟水就会沸腾，而沸水中的气泡能增加对流冷却，这样可以增大枪管的热散失。冷却水的蒸发速率为 0.9 升 / 1000 发。为了使蒸汽冷凝回收并在射击间隙中重新注入水筒，用一柔性管子将水筒蒸发口与一冷凝罐相联。

该枪为片状准星，立框式表尺，觇孔照门。弧形表尺上的两种刻度是分别对应于使用 Mark8Z 式和 Mark7Z 式枪弹时的射程，但瞄准盘距离分划筒是按 Mark8Z 式枪弹校准的，所以在发射 Mark7Z 式枪弹时有必要按射表进行修正。

米尼米5.56毫米轻机枪

兵器档案

名称：米尼米5.56毫米轻机枪
产地：比利时
容弹量
弹链：100发、200发
弹匣：30发
全枪长：固定式枪托104.0厘米，枪托打开91.0厘米，枪托折叠75.5厘米，
枪管长46.5厘米（标准型）、34.7厘米（伞兵型）
全枪质量（不含弹链或弹匣）
标准型：6.85千克
伞兵型：5.7千克
配用弹种：SS109式或M193式5.56×45毫米枪弹

米尼米5.56毫米轻机枪是比利时国营赫斯塔尔公司在20世纪70年代初研制成功的，是主要供步兵、伞兵和海军陆战队使用的一轻型直接支援武器。

另外，米尼米轻机枪还是一种班用自动武器，它具有质量小、结构紧凑、体积小、操作方便、勤务保养简单等特点。

该枪的独特之处是供弹机构，可以用弹链或弹匣供弹。弹链箱为盒形，有两种型号，容量分别为100发或200发。弹盒用塑料制成，成本低，坚固耐用。当机构改为弹匣供弹时，将弹匣座的弹簧折叶盖板打开，就可用M16式步枪弹匣供弹，此时折叶上的凸齿起弹匣卡笋的作用。

↑ 米尼米5.56毫米轻机枪

该枪采用枪机回转闭锁方式和导气式工作原理。其中自动机开闭锁动作是由枪机框定型导槽通过枪机导柱带动枪机回转来完成的，而且枪机闭锁在枪管节套内，因此对机匣的作用力很小。发射机构可以控制3发或6发点射。而导气装置中的旋转式气体调节器有3个位置：正常位置、应急位置（适用于恶劣环境条件下射击）和枪榴弹发射位置。该枪还采用机械瞄准具：前部是带防护罩的准星，可调方向和高低；后部是照门，可调风偏和高低。该枪枪管是依靠凸轮进行定位，因此更换枪管非常方便，只要用一只手捏住提把即可装卸枪管。它通常还配备两脚架。

该枪有标准型、伞兵型和无托型三种，其中标准型为固定枪托，伞兵型配有折叠的金属托，而无托型可装在装甲运兵车的炮塔上。

HK MP5K系列9毫米冲锋枪

兵器档案

名称：HK MP5K系列9毫米冲锋枪
产地：德国
容弹量：15发、30发
全枪长：32.5厘米
枪管长：11.5厘米
全枪质量（不含弹匣）：2千克
弹匣质量：0.1千克（15发空弹匣）、0.16千克（30发空弹匣）、0.52千克（30发实弹匣）
配用弹种：9×19毫米帕拉贝鲁姆手枪弹

冲锋枪是一种经济实用的单人近战武器，特别是轻型或微型冲锋枪由于火力猛烈、使用灵活，很适合于冲锋或反冲锋以及丛林、战壕、城市巷战等短兵相接的战斗。因此，冲锋枪作为枪族中的重要成员之一，对于步兵、伞兵、侦察兵、边防部队及警卫部队等来说，是一种不可或缺的个人自卫和战斗武器。

↑许多国家的军队、警察装备了HK MP5K系列9毫米冲锋枪

龙文兵器小百科 冲锋枪

通常指双手握持发射手枪弹的全自动枪械。比步枪短小轻便，便于突然开火，火力猛烈，有效射程较远，战斗射速可达110发/分。通常以单手发射，必要时可加装肩托抵肩射击。

MP5K系列9毫米冲锋枪是1976年研制成功的，是MP5冲锋枪的超短型枪。在此之后又相继研制出了MP5KA1式、MP5KA4式和MP5KA5式3种变型枪，从而形成MP5K系列冲锋枪。德国和其他许多国家的军队、警察装备了该枪。

MP5K系列冲锋枪全枪短小，可藏入衣服、公文包内，不易被发现，且操作轻便，所以很适合特种警察和反恐怖人员使用。

该系列冲锋枪的基本结构和工作原理与MP5A系列冲锋枪相同，仅是缩小了个别零部件的尺寸，如：MP5K式和MP5KA1式是缩短了枪管长度、取消了枪托。MP5KA1式与MP5K式的区别是：前者采用固定的照门和较小的片状准星，瞄准基线也短；后者采用带缺口照门的旋转式表尺和柱形准星，而在MP5K式和MP5KA1式的发射机构上增设3发点射控制机构后，就变成了MP5KA4式和MP5KA5式冲锋枪。为使射手可双手持枪射击，提高射击精度，MP5K的各种变型枪在其枪管前下方都设有小握把。

MP5K系列冲锋枪不仅可配用机械瞄准具，还能配用4倍望远瞄准镜。MP5K式和MP5KA4式采用柱形准星和可调风偏和高低的缺口照门旋转式表尺；MP5KA1式和MP5KA5式采用固定式片状准星和缺口照门旋转式表尺。

该系列冲锋枪采用9×19毫米帕拉贝鲁姆手枪弹。

MP38式9毫米冲锋枪

兵器档案

名称：MP38式9毫米冲锋枪
产地：德国
容弹量：32发
全枪长
枪托打开：83.3厘米
枪托折叠：63.0厘米
枪管长：25.1厘米
全枪质量：（不含弹匣）4.086千克
（含实弹匣）4.756千克
实弹匣质量：0.67千克
配用弹种：9×19毫米帕拉贝鲁姆手枪弹

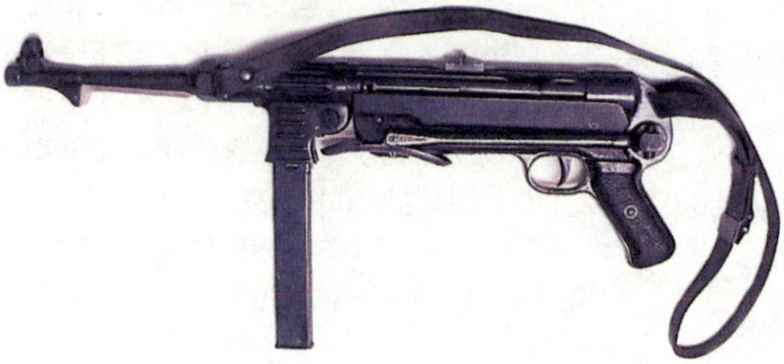

↑ *MP38式冲锋枪及其设计图*

↓ *MP38式冲锋枪及其配用弹种*

MP38式9毫米冲锋枪是世界上第一支成功使用折叠式枪托和采用钢材与塑料制成的冲锋枪。为了满足装甲部队和伞兵部队的需要，德国埃尔马兵工厂于1938年生产并在同年列装部队，取名为MP38式。MP38／40式是1939年对MP38式改进后的命名。后来，以简化加工工艺和降低成本为目的，又对MP38／40式做了几次改进，其改进型分别称为MP40／Ⅰ式、MP40／Ⅱ式。1940—1944年间，总共生产了1037400支MP40式冲锋枪，而且直到20世纪60年代仍有一些国家在使用这种枪。

其中MP40式主要是采用冲、焊、铆工艺制造组件，具有良好的加工经济性和零件互换性。

MP38式9毫米冲锋枪采用的工作原理是自由枪机式。射击时，枪机后坐带动导管前端的击针运动，并压缩导管内的复进簧（装在3节不同直径套叠的导管内），使复进簧平稳运动。

该枪的握把和前护木均为塑料件，机匣和枪托是用钢管制成的，枪托向前折叠后正好位于机匣下方，发射机框是阳极氧化处理的铝件。空包弹射击用的螺纹在枪口部，其上装有保护衬套。该枪的简易保险是通过将拉机柄推入机柄槽内的缺口实现的，这种保险机构虽然可将枪机挂在后方位置，但是动作不可靠，容易走火。

MP38／40 式主要是将 MP38 式的单体拉机柄改为双体拉机柄，并在机匣机柄槽的前端增设一个缺口，使枪机也能挂在前方位置，从而增强保险作用。

MP40／Ⅰ式则是以大量的冲、焊、铆工艺的零部件代替 MP38／40 式所用的机加工工艺的零部件，包括退壳挺、发射机框、弹匣卡笋和节套等。

MP40／Ⅱ式是将 MP40／Ⅰ式的发射机框与机匣后盖连为一体，并采用固定式击针，以多股复进簧代替套叠式复进簧；用一个双联弹匣仓把两个标准的 MP40 式冲锋枪的 32 发弹匣联为一体，这样增加了容弹量，并在枪管与机匣之间的护罩底端开槽，使双联弹匣仓可沿护罩的底槽滑动，两个方弹匣卡笋位于弹匣仓后方。

另外，在弹匣仓前方设有两个指示定位器，当左边一个弹匣的枪弹用完时，推弹匣仓向左，此时，右边的弹匣在定位器作用下正好位于供弹口。

该枪采用机械瞄准具。片状准星，U 型缺口照门翻转式表尺，射程装定为 100 米和 200 米。

该枪发射 9 ×19 毫米帕拉贝鲁姆手枪弹。

↑ MP40／Ⅰ式冲锋枪

↓ 士兵手中的 MP38

↓ MP38 式冲锋枪枪弹匣的复制品

伯莱塔M12S冲锋枪

兵器档案

名称：伯莱塔M12S冲锋枪
产地：意大利
容弹量：20发、30发、32发、40发
全枪长
枪托折叠：41.8厘米
枪托打开：64.5厘米
全枪质量：3.2千克

↑ 世界上第一流新型冲锋枪之一——伯莱塔 M12S 冲锋枪

20 世纪 50 年代中期，意大利伯莱塔公司研制了一系列冲锋枪，其中 M12 和 M12S 冲锋枪可以说是达到了顶峰。M12 于 1958 年研制成功，1959 年正式投产，1961 年意大利政府正式装备此枪。除装备意大利陆军特种部队外，巴西、加蓬、利比亚、尼日利亚、沙特阿拉伯和委内瑞拉等国军队也有装备。M12S 是 M12 的改进型，装备于意大利、突尼斯及其他一些国家的军队。

伯莱塔 M12S 冲锋枪是 1979 年研制成功的世界上第一流新型冲锋枪之一。枪的初速 380~430 米／秒，口径 9 毫米。该枪的弹仓、发射机框、机匣及握把为一整体件，从而保证了它在任何恶劣条件下的动作同样可靠。

↓ M12S 的枪弹痕迹

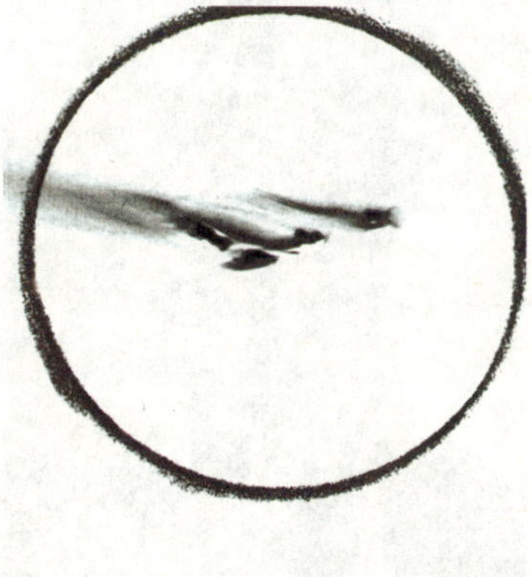

该枪枪身大大缩短，便于隐蔽时携带，近战反应速度极快，可单手射击的主要原因是该枪采用了游底后坐反冲式设计。

另外，该枪的套入式枪机设计更是独一无二，镂空的圆筒状枪机向前包络住枪管的大部分，并能在枪管上滑动，这样既可缩短枪身，又能使枪身重心前移并靠近枪管轴心，从而减轻了枪口上跳，有利于提高连发的精度。

该枪的固定卡笋移到了机匣尾部上方，方便抓握和解脱，快慢机和保险也合二为一，改为手柄式，从而在右手握枪时用拇指就可以进行操作。为了增强耐磨性和抗腐蚀性，表面用环氧树脂处理。

PP-2000冲锋枪

兵器档案

名称：PP-2000冲锋枪
产地：俄罗斯
容弹量：20发、40发
全枪长：30厘米
空枪质量：1.4千克
配用弹种：9×19毫米 7N31 / 帕拉贝鲁姆手枪弹

↑这是在欧洲萨托里 2004 军备展上拍摄的俄罗斯 PP-2000 冲锋枪图片，可以清楚看到插入弹匣充当枪托的形状。

PP-2000 冲锋枪在 2004 年闪亮登场，它使用的工作原理是自由枪机式，采用包络式枪机，采用 9×19 毫米 7N31，容弹量 20 发、40 发。40 发容弹量使其拥有更强的火力密度和更好的火力持续性，采用了独创的减速机构，将射速控制在 600 发 / 分，能够保证连发时具有良好的射击密集度和可控性。

PP-2000 新式冲锋枪全枪长 30 厘米，枪管长 13.9 厘米，空枪质量 1.4 千克。枪小而杀伤力大是 PP-2000 的最大优点。该枪因使用了 9×19 毫米 7N31 / 帕拉贝鲁姆手枪弹，所以具有更强的打击能力。既能在 90 米射程内击穿有硬装甲防护的防弹背心，也可有效打击车内目标。

← PP-2000 的野战分解只需要分解成两大部分

该枪几乎可以与现代战斗手枪相媲美，它的外形紧凑，结构简单，擦拭、保养容易，体积相当小巧。

在设计上有一个独到之处，其配备的容弹量 40 发的弹匣，可插入机匣作枪托使用。而且，枪口不仅设置了圆锥狭缝组合消焰器，并且加装消声器，进一步减小了枪口焰和枪口噪声。

该枪的握把体是一个集握把、机匣和扳机护圈为一体的部件，它采用高强度的工程塑料制成，这样既减轻了零部件的质量，又提高了工艺性，降低了成本，而且工程塑料的耐腐蚀性较好，导热性也低，因而在天气寒冷的时候握持不会觉得太冰手，扳机护圈尺寸较为宽大，因此戴着厚手套依然可以操作自如。另外，其前部还可以兼作前握把，以便必要时双手握持。

PP-2000 采用的 7N31 枪弹在目前所有手枪弹中穿甲能力是最强的，这使得它在杀伤性能方面表现出巨大的优势，其停止作用明显优于 FN P90 和西方新式冲锋枪中经典的 HK MP7，性能也跃居当代同类武器之榜首。

FN P90冲锋枪

兵器档案

名称：FN P90冲锋枪
产地：比利时
全枪长：50厘米
全枪质量（不含弹匣）：3.2千克
容弹量：50发、100发
配用弹种：5.7毫米SS190弹

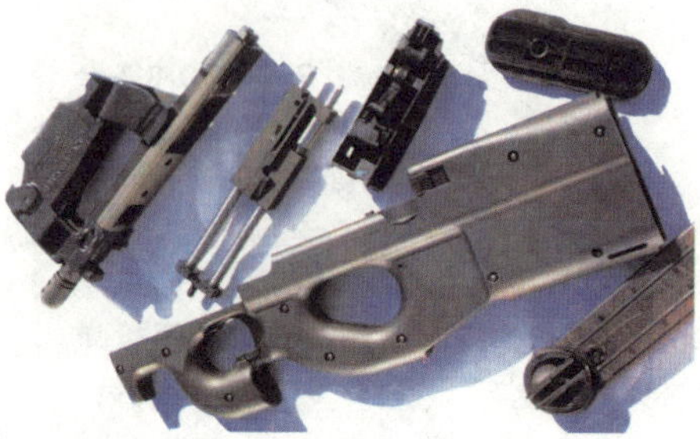

↑↓ 射速高且威力巨大的 FN P90 冲锋枪

FN P90 冲锋枪采用自由枪机，闭膛待击。于 1986 年开始研制，1991 年批量生产。它通过采用 5.7 毫米弹和取用较重的枪机来减小后坐的冲量，且采用闭膛待击，使得命中精度极高。

该枪的结构紧凑，零件较少，枪机和枪管装于一个盒状机匣中，弹匣也置于机匣顶部，不用工具 15 秒即可全部分解，容易维修保养。容弹量达 50 发，火力持续性强，子弹穿透力很强，有效射程可增加到 250 米。射速高，具有巨大威力。

该枪的弹匣是用褐色的半透明的高强度塑料制成，可随时检查剩余子弹数。由于该枪采用了带孔的握把，使得人机功效好，射手左右手均可操持射击，且该枪表面进行了无光处理。

为防止跌落走火和枪机未闭锁出现早发火，该枪保险机构有手动、偶发和不到位保险。

该枪配有机械式瞄准具和反射式瞄准镜，其环形十字线分化使射手能够快速捕捉和准确瞄准。

该枪发射 5.7 毫米 SS190 弹。

汤普森M1928A1式11.43毫米冲锋枪

兵器档案

名称：汤普森M1928A1式11.43毫米冲锋枪
产地：美国
容弹量
弹匣：20发、30发
弹鼓：50发、100发
全枪长：85.2厘米
枪管长：26.7厘米
全枪质量（不含弹匣）：4.9千克
弹匣质量
20发实弹匣：0.57千克
30发实弹匣：0.73千克
弹鼓质量
50发实弹鼓：2.23千克
100发实弹鼓：3.86千克
配用弹种：11.43毫米柯尔特自动手枪弹

汤普森冲锋枪是由美国人 O·V·佩思 T·H·奥克霍夫设计，并以美国汤普森将军的名字命名的。M1919式是该冲锋枪早期研制的产品，M1921 式是它最早的生产型，后来又相继出现了 M1923、M1928 系列冲锋枪。其中 M1928A1 式是在 1930 年研制成功的，并少量装备了美军，而且在第二次世界大战中为英、法等盟国军队所使用。在 1942 年，M1928A1 式改进为 M1 式冲锋枪，并正式装备美军，成为美军第一支制式冲锋枪，后来又改进成 M1A1 式冲锋枪。

↓ *士兵手中的 M1928A1 式冲锋枪*

在第二次世界大战期间，汤普森冲锋枪生产量达到 140 多万支，但到了 1945 年开始停止生产，并逐渐被美国 M3A1 式冲锋枪取代。

M1928A1 式冲锋枪威力大，火力猛。它采用的工作原理是独特的半自由枪机式，枪机上有一个 H 形延迟后坐块是用青铜制成的，位于枪机向后倾斜 70° 角的凹槽内，这样可以在发射瞬间通过不同角度的摩擦阻力来延迟枪机后坐。当膛压开始下降时，通过机匣上的开锁斜面与 H 块两侧的开锁凸起相互作用使 H 块上升，枪机开始向后运动。该延迟机构避免了枪机早抽壳、炸壳故障，但结构复杂。

另外，枪管外部加工有环形散热槽，枪口部有一个锯齿形减震器。但该枪大多数零件为铸件，使得全枪的质量较大。

汤普森冲锋枪发射 11.43 毫米柯尔特自动手枪弹。

HK MP5SD系列9毫米微声冲锋枪

兵器档案

名称：HK MP5SD系列9毫米微声冲锋枪
产地：德国
容弹量：15发、30发
全枪长：55厘米（MP5SD1式和SD4式）、78厘米（MP5SD2式和SD5式）
全枪质量（不含弹匣）：
MP5SD1式：2.9千克
MP5SD2式：3.2千克
MP5SD3式：3.5千克
弹匣质量
15发空弹匣：0.1千克
30发空弹匣：0.16千克
30发实弹匣：0.52千克
配用弹种：9×19毫米帕拉贝鲁姆手枪弹

MP5SD 系列 9 毫米冲锋枪大约是于 1975 年研制成功的，是一种设计比较成功的冲锋枪。该枪共有 6 种变型枪，分别是 MP5SD1 式、MP5SD2 式、MP5SD3 式、MP5SD4 式、MP5SD5 式和 MP5SD6 式，它们形成了 MP5SD 系列微声冲锋枪。

该系列冲锋枪与 MP5 A 系列冲锋枪在基本结构和工作原理上基本相同，主要不同之处在于枪管稍短，且枪管上钻有 30 个直径为 3 毫米的小孔，枪管外面套有 40 毫米直径的消声筒。该消声筒有前、后两个气体膨胀室。射击时，一部分火药气体先经枪管上小孔进入后膨胀室，然后再进入前膨胀室，最后从枪口部排出，使作用于弹头的气体压力减小，弹头初速低于亚声速，从而大大减小了武器射击时的声响。

该系列冲锋枪配有机械瞄准具、望远瞄准镜、光点投射器和像增强夜视瞄准具等各类瞄准具，具有良好的射击精度。机械瞄准具由固定式准星和带觇孔照门的翻转式表尺组成，射程装定为 200 米、300 米和 400 米。

该系列冲锋枪均发射 9×19 毫米帕拉贝鲁姆手枪弹。

←HK MP5SD 系列 9 毫米微声冲锋枪

澳司登MKⅠ式9毫米冲锋枪

兵器档案

名称：澳司登MKⅠ式9毫米冲锋枪
产地：澳大利亚
容弹量：28发
全枪长：73.2厘米
全枪质量
不含弹匣：3.979千克
含实弹匣：4.659千克

澳司登 MKⅠ式 9 毫米冲锋枪是澳大利亚在 1941 年为了满足太平洋战争爆发后的作战急需，由设计师尤阿莱·里德尔参照德国 MP40 式和英国司登 MKⅡ式设计的一种 9 毫米冲锋枪，取名为澳司登 MKⅠ式。该枪是 1941 年中期至 1942 年 6 月研制，在 1942 年 6 月至 1945 年 3 月期间共生产了约 20000 支。在第二次世界大战末期，该枪经改进定型为 MKⅡ式，但生产数量很少。

↑ 澳司登 MKⅠ式冲锋枪

澳司登 MKⅠ式 9 毫米冲锋枪虽然兼有德国 MP40 式冲锋枪和英国司登 MKⅡ式冲锋枪的许多特点，但装弹有些困难。

MKⅡ式是 MKⅠ式的改进型，主要是用前后两部分铝压铸件包裹机匣。前半部用以支撑枪管，并使握把与弹匣仓构成一体，便于快速生产；后半部为发射机座，后方有空心套管将机匣尾部封闭。其他改进包括：击针改为固定式；枪托卡笋移到发射机座的正后方；前后握把采用硬质橡胶制成；枪管与机匣的连接由固定螺帽连接改为螺纹旋接；配用了一个扁形刺刀。

该枪采用倒 V 形准星和觇孔照门式固定表尺（MKⅠ式）或带 L 型翻转式表尺（MKⅡ式）。固定式表尺上的觇孔照门射程装定为 91.5 米，L 型表尺射程装定为 91.5 米和 183 米。

该枪与英国司登 MKⅡ式冲锋枪的工作原理一样，都是自由枪机式。它主要由枪机、枪管、击发与发射机构、机匣、前后两个握把以及折叠式枪托组成。另外，澳司登 MKⅠ式的折叠枪托、枪机和叠套式复进簧是按照德国 MP40 式仿造的；枪管、机匣、发射机和快慢机是直接按照英国司登 MKⅡ式仿制的；独自设计的部分仅是增加了前握把和改进了枪托固定卡笋，用此卡笋可以更牢靠地固定枪托，但由于枪托过长，容易使射手瞄准疲劳。它的拉机柄与枪机成为一体，机匣右侧的机柄槽一直延伸到尾部，便于分解枪机。

MP7冲锋枪

兵器档案

名称：MP7冲锋枪
产地：德国
全枪长
枪托折叠：42厘米
枪托打开：64厘米
全枪质量
（含40发空弹匣）：2千克
配用弹种：4.6×30毫米枪弹

↓ *MP7原是以FN公司的P90为标杆研制的。*

↑ *MP7冲锋枪*

↓ *德国KSK特种部队队员正在准备开枪射击。*

MP7冲锋枪原称单兵自卫武器，1999年正式亮相，2000年被德军采用，成为制式武器，此后MP7开始频繁地出现在各武器交易展览会上，引起了人们的广泛关注。在如今的轻武器市场，MP7可谓大红大紫，短短的二三年时间里已先后出口到17个国家，销售量直线上升。最近又有消息称，美军决定列装MP7冲锋枪的最终改进型MP7A1，主要配给指挥员和后勤人员使用。

MP7冲锋枪具有体积小、重量轻的特点。采用整体式高强度聚合物机匣，可装配美军标准（MIL-STD-1913）皮卡汀尼导轨，导轨上可安装反射式瞄准具、激光指示器、战术灯等附件。

MP7冲锋枪采用伸缩式枪托，枪托可通过2个半圆形导杆在机匣内运动，最大伸长长度可达195毫米。快慢机有3个位置，单发、连发和保险位置。前方小握把可折叠，其内侧有可移动的卡销。不需要小握把时，把它折叠到枪管下面，使用时，后拉卡销，小握把便自动弹起。

MP7枪口处有螺纹，平时安装消焰器，也可安装消声器作微声冲锋枪使用，微声效果与MP5冲锋枪相当。

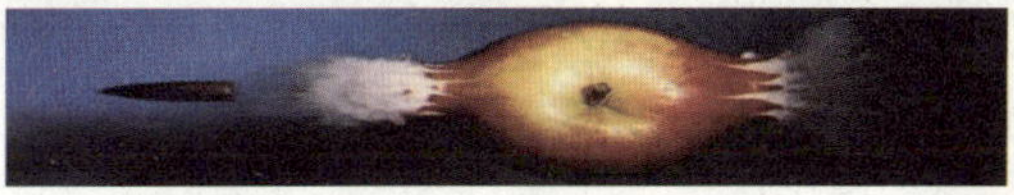

MP7 所使用的 4.6×30 毫米枪弹的弹头表面覆铜被甲、钢心结构，经过淬火硬化处理后提高了弹头的硬度，在打中防弹纤维制品后不会变形，保证了良好的侵彻能力。在 100 米射程上，标准弹头可以穿透 CRISAT 标准靶板及靶后 150 毫米厚的军用明胶块。在 200 米处可穿透 CRISAT 靶板，在 50 米处对 20 %军用明胶穿透深达 280 毫米。除标准钢心弹外，HK 公司与英国皇家军械公司下属的雷德维尔·格林公司合作，研制了一系列能满足军警作战和训练使用的 4.6×30 毫米弹药。

MP7 冲锋枪可谓一路高歌猛进，已被德国 KSK 特种部队、宪兵部队以及英国 SAS（特别空勤团）装备，现即将被美军装备，并被德军确定为“未来步兵”计划中的武器装备之一。

该枪还参加了阿富汗战争、科索沃维和行动。此外，HK 公司基于 4.6×30 毫米枪弹的新型单兵防卫武器“终极战斗手枪”（UCP）也即将问世，UCP 手枪装 20 发弹匣后质量约为 820 克，与 MP7 冲锋枪的 20 发和 40 发弹匣通用。这是采用横向弹匣供弹的 P90 和五七式手枪所望尘莫及的。

MP7 原本是以 FN 公司的 P90 为标杆进行研制的，最初目的也只是希望能从 P90 碗里分一杯羹，但是现在看来，FN 公司也只有喊“狼来了”的份了。如今北约正在紧锣密鼓地对单兵自卫武器的口径进行选型，HK 公司的 MP7 当仁不让地成了 P90 的主要竞争对手，究竟鹿死谁手还是让我们拭目以待吧！

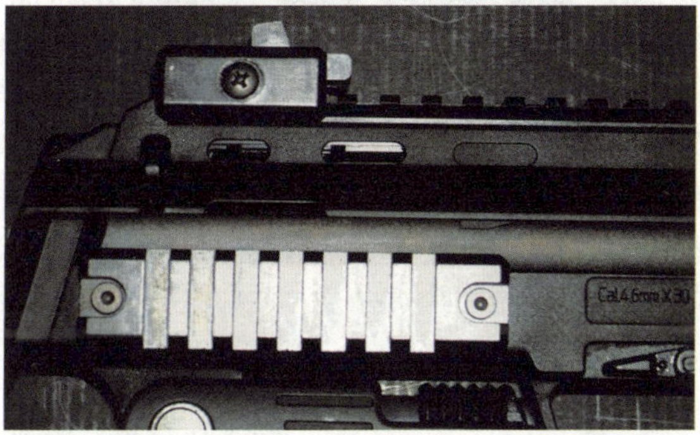

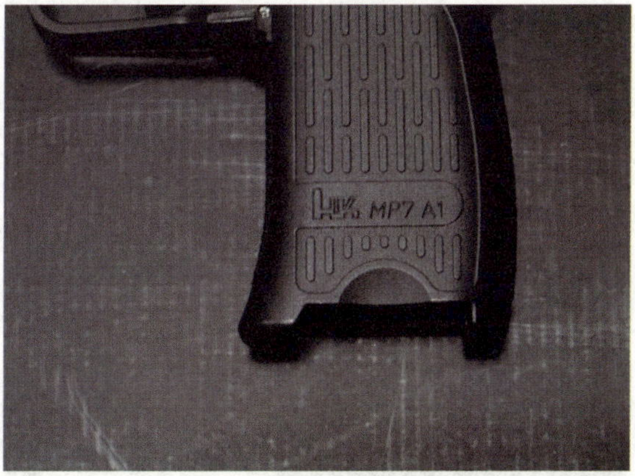

↑ MP7 冲锋枪各部分特写

UMP45冲锋枪

兵器档案

名称：UMP45冲锋枪
产地：德国
容弹量：25发
全枪长
枪托折叠：45厘米
枪托打开：69厘米
枪管长：20厘米
全枪质量（不含弹匣）：2.1千克
配用弹种：0.45ACP柯尔特自动手枪弹

↑ 性能优秀的德国 UMP45 冲锋枪

HK 公司专为美国特种部队开发的 MK23 SOCOM 是使用 0.45ACP 柯尔特自动手枪弹的，但美国特种部队所采用的冲锋枪却仍然是 9 毫米口径的 MP5；在使用消声器时为达到效果常常需要用亚声速弹，但 9 毫米亚声速弹的战斗性能不佳，而 0.45ACP 弹大多本身就是亚声速的；而且由于手枪和冲锋枪所用子弹不同，对后勤供应也造成不便，因此在执行特种作战任务时，希望冲锋枪也能改用。

在这种背景下，HK 公司开发了全新的“0.45 口径通用冲锋枪”（简称 UMP45），并于 1998 年年底交付试验。

UMP45 的自动方式不再是 MP5 传统的半自由枪机式，而是采用自由式枪机，为了保证射击精度采用闭膛待击。另外，为便于连发时操枪和减小射弹散布，还安装了射速减速器，把射速限制在 580 发 / 分，在发射高压弹（+P 弹）时，射速会提高到 700 发 / 分。

↓ 德国 UMP45 冲锋枪完全符合特种作战的要求

塑料制的直形弹匣容量为 25 发，比 MP5 小，这是因为 0.45ACP 弹的直径比 9 毫米弹大得多。另外还设计有一种 10 发的短弹匣。枪管前端有一个凸爪，凸爪的设计与 MP5 不一样，但作用是一样的，是为了安装消声器或消焰器。枪托向右折叠后，抛出的弹壳从枪托中的孔中抛出。

UMP45 的鉴定试验小组由 SWAT、SEAL 及 FBI 的试验人员组成，他们进行了射击场、近战演习等大量试验。试验证明，UMP45 的可靠性很好，射击精度也相当高，尽管 0.45ACP 弹的后坐力较大，但连发时的后坐力却相当小。总之，UMP45 性能优秀，完全符合特种作战的要求。

05式冲锋枪

兵器档案

名称：05式冲锋枪
产地：中国
容弹量：50发
全枪长：50厘米
全枪质量：2.2千克
配用弹种：5.8×21毫米亚声速枪弹

在我军现在的编制当中，步兵轻武器是以步枪和机枪为主，而冲锋枪只是特种辅助武器，是以微声武器为主要使用形式，用于侦察分队等特种部队的隐蔽作战行动中，尤其是悄悄地摸哨，或在侦察巡逻时由开路的尖兵携带。05 式冲锋枪的设计目的就是要取代现装备的 85 式微声冲锋枪，所以尽管该枪可取下消声器发射普通弹，但主要的设计意图是先满足微声冲锋枪的特殊用途，因此对噪声指标要求较高。

↓ 05 式冲锋枪的发射机构

该枪在整体结构上继承了 95 式步枪的无托结构，但采用了自由式枪机，惯性闭锁。枪机半包络枪管结构，使全枪质心接近握把。握把内有瞄准镜导轨，与 95 式步枪相同。

05 式冲锋枪的另一个特点是采用了握把保险。在初样机研制过程中曾经使用平移式握把保险机构，但该机构在射击过程中动作不灵活，经常出现卡滞的情况，特别是在低温试验和浸河水试验等特种条件下的卡滞现象更为突出，设计人员经过论证，最终改为旋转式握把保险。另外，由于 05 式冲锋枪采用惯性击发，因此除了发射机的保险功能外，还增设了握把保险机构，防止因跌落造成走火。

05 式冲锋枪采用可拆卸式消声碗结构的消声器，在取下消声器后也可使用。枪身上装有消声器锁紧机构，防止射击过程中消声器的松动。为提高消声效果，配用弹头较重、初速较低的专用 5.8 毫米亚声速弹，但必要时也可使用普通弹。在使用亚声速弹时，枪口端面噪声值为 120 分贝，比 85 微声冲锋枪低了 7 个分贝。单发射击时枪口无烟无焰，连发时也无明显的硝烟和火焰，站在射手旁边时，几乎只能听到枪机在运动中撞击其他组件的声音。

05 式冲锋枪采用直插式 4 排弹匣，50 发的大容弹量是 05 式火力旺盛的源泉，在近距离的交战中会占有优势。

M4式5.56毫米卡宾枪

兵器档案

名称：M4式5.56毫米卡宾枪
产地：美国
容弹量：20发、30发
全枪长
枪托打开：84厘米
枪托折叠：76厘米
枪管长：36.8厘米
全枪质量（不含弹匣）：2.54千克
配用弹种：SS109式5.56×45毫米枪弹，M193式5.56×45毫米枪弹

↑ *美国M16A2突击步枪*

↓ *美国柯尔特公司制造的M4式5.56毫米卡宾枪*

M4式5.56毫米卡宾枪于1991年3月定型，首先装备美国第八十二空降师来取代M16A2式步枪和M16A2式自动步枪的轻量型和缩短型。（注：M4式又称M720式，该枪于1992年第二季度正式列装。）该枪现正在生产，并装备美国陆军和海军陆战队，阿联酋、危地马拉、萨尔瓦多、洪都拉斯、加拿大等国也装备有这种枪。

由于M4式5.56毫米卡宾枪是M16A2式自动步枪的变型枪，所以其基本结构原理与M16A2式步枪相同，且枪上85%的零部件与M16A2式步枪相同，从而大大简化了武器的训练、维修和后勤供应。

该枪具备点、面杀伤能力是由于它的枪管下方可挂装M203式40毫米榴弹发射器——可以发射美国和北约的任何制式枪榴弹。

该枪使用所有符合北约标准的弹匣和柯尔特M16式步枪。枪托为伸缩式，拉出时可进行抵肩射击，枪托缩回时可进行腰际射击。

该枪采用机械瞄准具，新型比赛级觇孔照门式表尺可进行800米射程的风偏水平修正，柱形准星可进行高低调整。

采用北约制式SS109式5.56×45毫米枪弹和美国M193式5.56×45毫米枪弹。

龙文兵器小百科　卡宾枪

即“骑枪”。一种短而轻的步枪。最初只装备骑兵，故名。

M1式7.62毫米卡宾枪

兵器档案

名称：M1式7.62毫米卡宾枪
产地：美国
容弹量：15发、30发
全枪长：90.4厘米
枪管长：45.8厘米
全枪质量
含空弹匣：2.36千克
含实弹匣和背带：2.63千克
配用弹种：M1式7.62毫米卡宾枪枪弹

M1 式 7.62 毫米卡宾枪的研制是由于：1938 年，美国军方要求研制一种轻型步枪以取代驾驶员、机枪手、迫击炮班人员使用的制式步枪和手枪，有 11 家公司依军方要求提交了样枪参加选型试验，最后温彻斯特速射武器公司的方案被选中。温彻斯特公司于 1940 年开始了研制工作。美国陆军军械部要求新枪的质量小于 2.5 千克，且能实施单发、连发射击，但是在 1941 年 5 月进行初步射击试验后，放弃了连发射击的要求。

↑ M1 式 7.62 毫米卡宾枪

↓ 温彻斯特速射武器公司生产的 M1 式卡宾枪

温彻斯特公司将加兰德步枪加以改进，采用短行程活塞，使用 M1 式 7.62 毫米半底缘枪弹，并命名为 M1 式 7.62 毫米卡宾枪。这种卡宾枪共生产了 551 万支，从而成为美国生产量最大的一种枪械。

后来，美国在 M1 式卡宾枪的基础上发展了如下一些型号：

M1A1 式，配备能够侧向折叠的枪托，供空军部队使用，1942 年 5 月定型；

M1A2 式，机匣有所改动，并以斜轨式表尺代替翻转式表尺；

M1A3 式，采用伸缩式枪托；

M2 式，可单发和连发射击，1944 年定型；

M3 式，将 M2 式卡宾枪的机械瞄准具改装为红外瞄准具，并装有消焰器。

美国共生产 M1 式及其变型枪达 620 多万支，其中 610 多万支被美军采用，而其中的 M1A2 式、M1A3 式均未投产。

↓ *M1 式卡宾枪的快慢机*

在美军中装备时间较长的是 M1 式卡宾枪，而且目前美国国民警卫队仍然装备，还有的私营企业把它改成运动步枪。除美军使用外，南非、埃塞俄比亚、智利、挪威、墨西哥、韩国、菲律宾、意大利以及中国等都装备过此枪。

↑ *M1A1 式卡宾枪各部分零件特写*

M1 式卡宾枪在 20 世纪四五十年代是一种较好的近距离战斗武器，因为它的质量小，射击时也容易控制，近程精度好。另外，该枪的枪机只是加兰德 M1 式 7.62 毫米步枪枪机的等比例缩小。枪机推第一发弹入膛后，扣压扳机，使击锤解脱，打击击针，从而击发枪弹。活塞撞击枪机框，使之后坐，当枪机框后坐到 7.6 毫米，膛压下降至安全值，这段时间为开锁前的枪机保险。其上的拉壳钩拉着弹壳随枪机后坐过程向后运动，然后由抛壳挺向右方抛出。

↓ *M1 式 7.62 毫米卡宾枪及各部分配件*

在枪机开锁瞬间，击锤离开击针的尾端，而击针则缩回枪机之中。枪机后坐时压倒击锤，成待击状态。当枪机框的惯性体后端撞击机匣前端时，停止后坐，而枪机在碰及后机匣中枪机通孔的后端才停止运动。

此时，枪机后坐行程比全弹长，于是弹匣中最上面的一发弹被托送至进弹位置，然后被压缩的复进簧伸张，推枪机复进，同时推弹入膛。由于枪机框导槽和枪机上的导向凸起的相互作用，枪机回转，实现闭锁。然后，枪机框继续复进，直至惯性体的前端将活塞顶入活塞筒后完全停止。此时，枪再次成待击状态。

该枪的扳机轴在扳机的前上方，所以在扣压扳机后，扳机后端的凸肩会上抬。阻铁尾部置于凸肩的顶部，当阻铁尾部上抬时，阻铁头下降，与击锤卡槽解脱。阻铁在弹簧力作用下向前时，其尾部滑离扳机凸肩。击发后，枪机后坐压倒击锤，击锤下方的卡槽被阻铁挂住。此时，扳机凸肩下降，迫使阻铁尾部返回至扳机凸肩的顶部。阻铁与扳机共用一轴。

该枪的扳机护圈前面有直推式的手动保险，将保险推向左边时，保险机销轴上的平面对准扳机的前端，因此允许扳机前端下落，从而使扳机后端上抬。将保险推向右边时，保险机轴的圆柱面移至扳机前端的下方，阻止扳机向下运动，形成保险。

该枪采用翻转式觇孔照门，片状准星，使用 M1 式 7.62 毫米卡宾枪枪弹。

K1A式5.56毫米卡宾枪

兵器档案

名称：K1A式5.56毫米卡宾枪
产地：韩国
容弹量：30发
全枪长
枪托打开：83厘米
枪托折叠：64.5厘米
枪管长（不含枪口制退／补偿器）：26.3厘米
膛线：6条，右旋，缠距17.8厘米或30.5厘米
全枪质量（不含弹匣）：2.88千克
配用弹种：M193式和SS109式5.56×45毫米枪弹

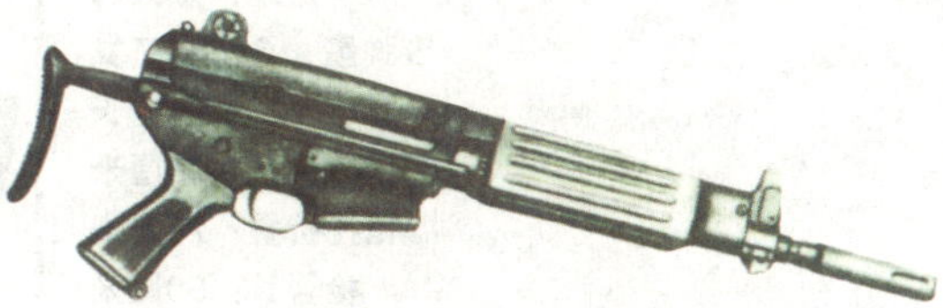

韩国军队在20世纪70年代以前一直靠美国提供轻武器，直至1973年以后，才特许生产美国的M16A1式步枪。M16A1式步枪于1982年在韩国大宇精密工业公司投产，不仅供本国军队使用，而且还出口。为此受到了美国柯尔特公司的反对。于是，大宇精密工业公司决定自行研制，不久便推出了K1A式5.56毫米卡宾枪，1984年投产。目前K1A式卡宾枪不仅装备韩国陆军，而且还大量出口。

K1A式5.56毫米卡宾枪与K2式突击步枪的结构基本相同，弹匣也可互换，只是枪长、枪托、外观和导气方式不同而已。

该枪采用的工作原理是像M16A1式步枪一样的导气管式，火药气体直接冲击枪机框，枪机框连带枪机，枪机上有8个突笋。机匣上半部的左侧固定有抛壳挺，当枪机回到后方位置，抛壳挺进入两个闭锁突笋之间的凹槽内。该枪的枪管比K2式的短，因此枪口部装有较大的枪口制退／补偿器，来减少枪口焰和吹尘，从而保证连发时的稳定性。

该枪的机匣均是用铝合金锻制而成，分为上、下两部分；并采用圆形护木和伸缩式金属枪托。保险／快慢机柄共4个位置：向下为保险，向上为单发，向右为连发，向左为3发点射。当发射美国M193式枪弹时，采用膛线缠距为30.5厘米的枪管，而发射比利时SS109式枪弹时，采用缠距为17.8厘米的枪管；但其长度都是26.3厘米。

该枪采用机械瞄准具，弹尖可对准星高度进行调整，而且准星上有发光点，便于在夜间射击。

该枪使用美国的M193式和比利时的SS109式5.56×45毫米枪弹。

↑ 手持M16A1式步枪的士兵

M3T式12号可变霰弹枪

兵器档案

名称：M3T式12号可变霰弹枪
产地：意大利
容弹量：6发、7发
全枪长
枪托打开：103.5厘米
枪托折叠：78厘米
枪管长：50厘米
全枪质量（不含枪弹）：3.55千克
配用弹种：12号×65毫米、70毫米式76毫米霰弹

M3T式12号可变霰弹枪是由意大利贝内利军械公司设计生产的，特别适合执法人员和公安部队在车内携带和在有限的空间内使用的M3T式可变霰弹枪。该枪小巧紧凑，可发射多种弹药。

该枪可选用半自动或泵动工作方式，这点以及工作原理方面同贝内利M3超级90式可变霰弹枪相同。采用折叠式枪托，便于操作使用。

该枪采用管状弹匣供弹，枪管长50厘米，需要时可改装长度为34厘米的短枪管，从而使枪托折叠时的枪全长减到64厘米，根据需要还可卸掉枪托，使武器更加短小紧凑。

该枪可发射大号硬铅头弹、鸟弹、鹿弹（铅弹与橡皮弹）以及各种CS、CN毒气榴弹、照明弹和烟幕弹等。

↑士兵手中的M3T超级90式可变霰弹枪

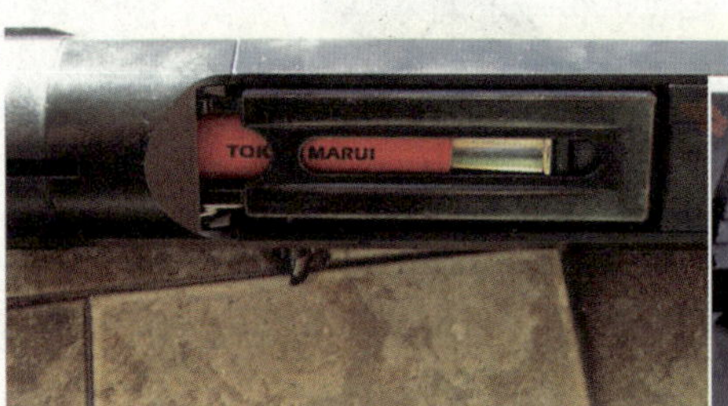

←M3T其实是M3超级90式的折叠枪托型，管状框架式枪托可以向上翻起以缩短全长。

龙文兵器小百科　霰弹枪

一次可发射多个子弹或弹头的滑膛枪。发射特制的霰弹枪弹。用于杀伤近距离的有生目标。有军用、警用和民用之分。民用霰弹枪主要是运动枪和猎枪。

M1超级90式12号防暴霰弹枪

兵器档案

名称：M1超级90式12号防暴霰弹枪
产地：意大利
容弹量：6发、7发
全枪长：104厘米
枪管长：50厘米
全枪质量：3.28千克
配用弹种：12号×65毫米、70毫米和76毫米霰弹

M1 超级 90 式 12 号防暴霰弹枪采用全新设计，并用先进材料制成，是意大利贝内利军械公司利用其 1984 年研制成功的回转式枪机头，并以 121-M-1 式霰弹枪的惯性机构为基础研制出的。它适合于警察和军队使用，用于击伤、驱散暴徒。

该枪射速高，装弹时间短（10 秒内能装 7 发弹），可以发射多种弹药，后坐力小，且结构简单，容易拆卸和维护，是一种牢固可靠的武器。

该枪同 121-M-1 式霰弹枪一样，依靠枪机框和机头两部件式枪机实现独特的后坐工作方式，并用极强的惯性簧将这两部件分开。表面经过发暗阳极氧化处理，机匣是用铝镁锌合金制造的，枪管用镍铬钼钢制成，枪托、小握把和护木是用 Rilson 防腐碳纤维制成的，内膛经过镀铬处理。

另外，枪口还可加装榴弹发射器。

该枪能发射 12 号霰弹，包括大号硬铅头弹，其中马格努姆弹为质量最大的弹，重 53 克。且装上枪口接合器后，可发射 CN、CS 毒气榴弹以及信号弹。

↑ M1 式霰弹枪的全家福

↓ M1 ENTRY 霰弹枪具有 M1 式的所有特征。

→ M1 超级 90 式 12 号防暴霰弹枪通过一个惯性后坐系统动作，实际是个快速循环动作的短后坐系统。

M3超级90战术霰弹枪

兵器档案

名称：M3超级90战术霰弹枪
产地：意大利
容弹量：7发
枪全长：104厘米
枪管长：50厘米
全枪质量（不含弹匣）：3.4千克

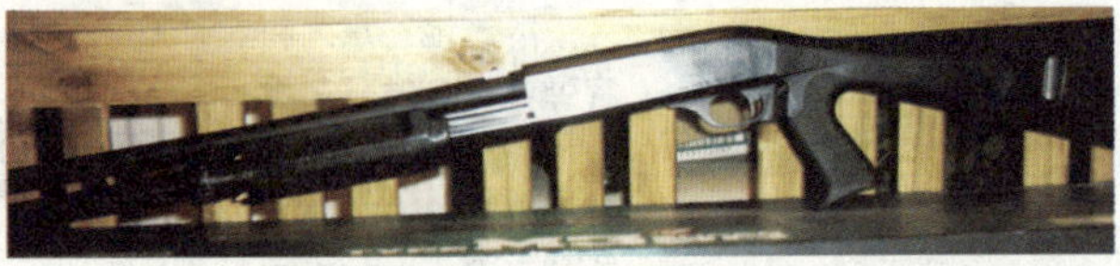

M3 超级 90 战术霰弹枪是 M1 超级 90 霰弹枪的一种改进型，因此在外形上两者比较接近，只是 M3 超级 90 的前托（下护木）比较短且可以滑动。

M3 超级 90 战术霰弹枪采用与 M1 超级 90 霰弹枪相同的惯性后坐自动系统，但增加了泵动机构，射手可以迅速地把半自动模式转换成泵动模式，这种双装填系统也被贝内利公司申请了专利。

M3 超级 90 在外形上和 M1 超级 90 几乎一模一样，主要的区别在于 M3 超级 90 的护木比 M1 超级 90 的短，而且并没有与机匣相连。因为 M3 超级 90 有两种发射方式：半自动或泵动。只要装护木前端的射击选择杆逆时针旋转并向前推动，把护木锁到枪管连接环上，就可以进行半自动射击；把选择杆逆时针旋转但向后拉动，就可以推拉护木进行泵动装填射击。

射击选择杆是前托前端的一个有凸边的转环，把控制杆逆时针转动并向前推，就可以使前托与枪管连接环闭锁，进行半自动射击；把控制杆逆时针转动并向后拉，就可以解脱前托，使之能作前后往复循环运动，同时锁住惯性簧，使武器不能实现自动装填，而要像普通泵动方式一样手动抛壳、上膛。

惯性后坐系统的缺点是发射低压弹时可能没有足够的能量完成自动循环，而 M3 超级 90 霰弹枪采用双装填系统就是为了解决这个问题，霰弹枪可以用泵动工作方式射击低压弹，如非致命的橡胶弹或催泪弹等；或在半自动工作方式下快速射击全威力的战斗弹药，如大号铅弹或独头弹等。

↓ M3 超级 90 战术霰弹枪

M3 超级 90 的上机匣是合金钢，下机匣是特殊铝合金，枪管无喉缩，枪托和护木由碳纤维加玻璃纤维制成，因此重量轻而强度大。瞄准具有缺口式或鬼环式，也可以安装多种附件。M3 超级 90 霰弹枪也保留了空仓挂机功能，而且在泵动工作方式下也起作用。

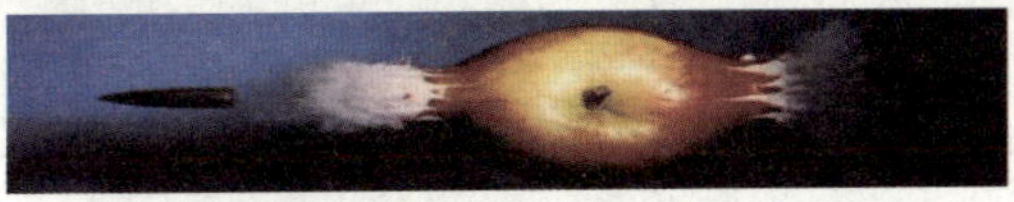

雷明顿M870-1式12号霰弹枪

兵器档案

名称：雷明顿M870-1式12号霰弹枪
产地：美国
容弹量：7发
全枪长：106厘米
枪管长：53.3厘米
全枪质量：3.6千克
配用弹种：12号×23/4英寸霰弹

雷明顿870式霰弹枪在1966年美国海军陆战队对许多霰弹枪进行对比的试验中被选中。M870-1式霰弹枪是雷明顿武霰弹器公司根据海军陆战队的要求，对870式霰弹枪做了改进后设计生产出来的。该枪已装备美国海军陆战队及警察，并向其他国家出口。

↑ 12号口径的雷明顿霰弹枪

该枪采用推拉式枪机，以雷明顿870式商用霰弹枪的工作原理为基础，带管状弹匣和喉缩的枪管，且金属零件都经过黑色阳极氧化或磷化处理，并配有光滑的塑料枪托。光滑的加长下护木加工有手指沟槽，弹匣的前端加工成阶梯形，可作为制式M7刺刀的环座。另外，刺刀卡笋兼做背带环用。

大名鼎鼎的雷明顿870霰弹枪是猎枪历史上产量最大的枪，投产半个世纪以来累计生产了600万支以上，现在形成了一个870系列，它以极高的可靠性和耐用性赢得了广大用户的信赖。美国军方对它青睐有加。从1966年起，在越南战场上，美军和越南部队使用了超过10万支雷明顿870（军用型M870，加大了弹仓，可以上刺刀）。在越南的丛林里，在近距离或突发战斗中，证明了它有其他轻武器不可替代的优越性。20世纪90年代，北方工业开始制造中国版的870，并重新将其命名为北方工业98式。目前它是PLA步兵的标准霰弹枪。

↑ 雷明顿子弹

该枪采用的瞄准具是由片状准星和可调缺口组成的步枪瞄准具。

该枪发射12号×23/4英寸霰弹。

USAS12号自动霰弹枪

兵器档案

名称：USAS12号自动霰弹枪
产地：韩国
容弹量盒式弹匣：12发
弹鼓：28发
全枪长：100.3厘米
枪管长：46厘米
全枪质量：4.5千克
瞄准装置：导轨式瞄准具
配用弹种：12号×61毫米霰弹

↑韩国大宇精密工业公司生产的USAS12号自动霰弹枪

USAS12 号自动霰弹枪是韩国大宇精密工业公司生产的，设计酷似普通的突击步枪，但稍大。可用来威慑、击伤暴徒。已装备韩国警察部队使用。

USAS12 号自动霰弹枪采用的工作原理是导气式（长枪机行程），可进行有选择的射击，也可作为半自动枪。

该枪采用活动部件和导气工作方式来减小后坐，并可单手射击。快速装填时可通过配用更换的盒式弹匣来实现，也可用弹鼓。

另外，该枪不用任何工具就可容易地进行分解，而且该枪的提把兼作导轨式瞄准具用。

该枪发射 12 号×61 毫米霰弹。

↓USAS12 号自动霰弹枪及其 3D 版

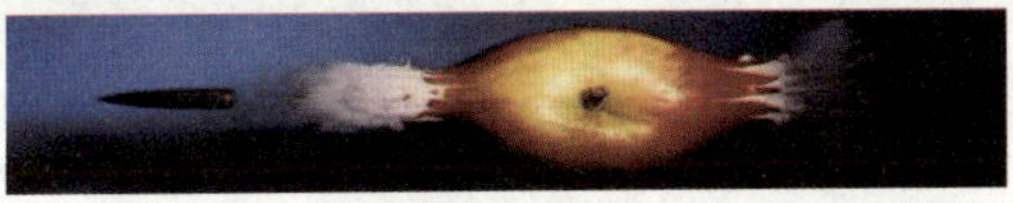

维京SOS12号霰弹枪

兵器档案

名称：维京SOS12号霰弹枪
产地：英国
供弹方式：管状弹匣
容弹量：7发
枪管长：61.6厘米
全枪质量：3.37千克
配用弹种：12号霰弹、大号硬铅弹和催泪弹等

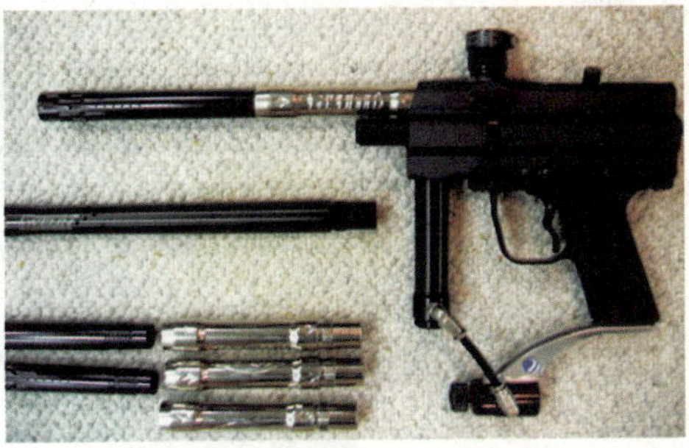

维京 SOS12 号霰弹枪是英国维京武器公司根据现代突击步枪研制的一种治安用枪，可在防暴斗争中用于自卫，击伤暴徒。现已在欧洲及其他一些国家的警察部队中装备使用。

该枪制作精良，性能准确、可靠，坚固耐用，维修方便，且价格便宜。

该枪的枪机采用推拉式，配有相当大的管状弹匣和滑膛枪管，利于发射大号硬铅弹和催泪弹。由于该枪采用有利于控制后坐的直线型结构，发射几乎无跳动，发射后可迅速恢复瞄准。

该枪采用直型枪托和装有瞄准具的提把，瞄准具与准星高度相同。

该枪发射 12 号霰弹、大号硬铅弹和催泪弹等。

↑安装了瞄准镜的维京 SOS12 号霰弹枪

↑维京 SOS12 号霰弹枪是一种治安用枪，现已在欧洲及其他一些国家的警察部队中装备使用。

HK 79榴弹发射器

兵器档案

名称：HK 79榴弹发射器
产地：德国
全枪长：35.7厘米
枪管长：29.7厘米
瞄准基线长：15厘米
空枪质量：1.67千克
枪宽：6.8厘米
全枪高：14.5厘米

↑HK 79榴弹发射器具有很强的杀伤力。

HK 79榴弹发射器是HK公司在HK 69结合在步枪上的试验不成功的情况下，另行发展的。

它是一种40毫米榴弹发射器，可以专门安装在突击步枪上使用，也可以安装在各种HK公司生产的枪械上，如HK33、G3和G41等。如果在HK步枪称呼后面有3个字母，那么该枪就带有HK 79榴弹发射器。

HK 79榴弹发射器可加挂于除短K型以外的G3式和G41式步枪的护木下方，但并不影响步枪射击精度（因为枪管仍可随意摆动），也不影响步枪的维护与使用。

该榴弹发射器是一种带下落式钢制发射管的单发武器，扳机设在护木左侧。发射器尾部装有滑动式保险装置，并用彩色圆环表示发射器所处的状态——白色圆环表示保险状态，红色圆环表示射击状态。

装弹时，拉开发射管的固定销，使其在自身重量作用下下垂。把榴弹推入弹膛后，将发射管闭锁，同时用手将击针扳至待击状态。此时，扣下扳机，就可将榴弹射出。

该发射器采用机械折叠式瞄准具，瞄准具安装在榴弹发射器的右侧。

该发射器发射各种长度的40毫米杀伤弹、破甲弹、发烟弹、照明弹、催泪弹和防暴弹等。

龙文兵器小百科 榴弹发射器

一种发射小型榴弹的轻武器。主要用于打击有生目标和薄壁装甲目标。口径一般为20～60毫米，最大射程400米以上，远的可达2200米。单发榴弹发射器外形与步枪或迫击炮相似，也有装于步枪上使用的；连发榴弹发射器外形多与机枪相似。

HK GMG自动榴弹发射器

兵器档案

名称：HK GMG自动榴弹发射器
产地：德国
容弹量：32发
长：118厘米
宽：14厘米
高：20.8厘米
枪管长：32.0厘米
武器质量：29千克
榴弹初速：241米／秒

GMG 自动榴弹发射器是德国HK公司新近为与现役美军M19榴弹发射器竞争订单而开发研制的。

该发射器通过在位于美国亚利桑那州沙漠中的尤马武器试验场进行的严格测试试验证明，它的性能可以满足美军未来的作战要求，而且美国军方对其改进空间和优异性能也表现出浓厚的兴趣。

第二次世界大战以后，法国装备的步兵自动武器大部分是美、英两国提供的，还有缴获的德国武器，比较繁杂，因此法国于1952年开始设计自己的武器。

↓ *GMG 的供弹方向可以从左右两边任选方向。*

↑ *士兵扛在肩上的GMG模型*

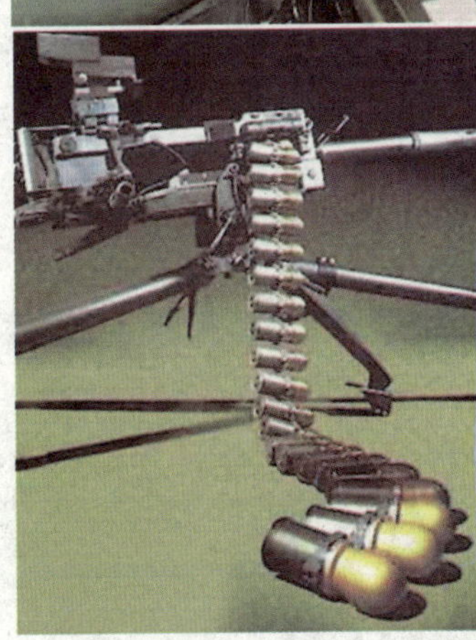

↑ *普通榴弹发射器的直射距离只有100米左右，而GMG自动榴弹发射器的直射距离可达1500米。*

第2章 烈火战车

冷战结束后，世界陆军武器装备的研制、生产和采购均受到不同程度的影响。但是随着形势的发展，陆上武器的研究又开始呈现活跃态势。陆上武器主要包括：坦克、战车、火炮、高射炮等。

99式主战坦克

99 式主战坦克是中国于 20 世纪 80 年代开始研制的一款重型主战坦克，该型坦克高 2.25 米，车首和炮塔正面为可换复合装甲，2000 米可抗击 700 毫米以上动能穿甲弹，800 毫米以上的聚能破甲弹，与美军贫铀装甲相差无几，有好的经济性和安全性。（我国的新型贫铀装甲已研制成功，可迅速投入使用，性能优于美军贫铀装甲。）如挂上附加装甲可抗击 800 毫米以上动能穿甲弹，900 毫米以上的聚能破甲弹；如装上新型双防反应装甲可达 1200 毫米。

新型 125 毫米滑膛炮，寿命达 800 发穿甲弹，接近先进水平，弹种有：采用半可燃药筒的钨 / 铀合金尾翼稳定脱壳穿甲弹、尾翼稳定破甲弹、尾翼稳定多功能杀伤爆破榴弹，弹药基数为 39 发。钨合金尾翼稳定脱壳穿甲弹初

龙文兵器小百科　坦克的起源

“坦克”一词是英文“Tank”的音译，旧译“战车”。具有强大直射火力、高度越野机动性和坚强装甲防护的履带式装甲战斗车辆。由武器系统、推进系统、防护系统、通信设备、电气设备以及其他特种设备和装置组成。乘员一般为三或四人，分别担负指挥、射击、驾驶任务。

按战斗全重、火炮口径，坦克通常分为轻型、中型和重型三种。20世纪60年代后，多按用途分为主战坦克和特种坦克。

1916年第一次世界大战中，英国最早使用坦克参加松姆河战役。坦克是装甲兵的基本装备和地面作战的主要突击兵器，用于对坦克及其他装甲车辆作战，也可用于压制、消灭反坦克武器，摧毁野战工事，消灭有生力量。但地形、天候对其行动有一定限制。坦克的诞生顺应了战争的需要。而一定的工业基础和技术前提，使坦克这种进攻性武器应运而生。

速 1740 米 / 秒，世界第一。2000 米可穿 800 毫米重装甲，铀合金尾翼稳定脱壳穿甲弹可达 900 毫米，其长径比为 25：1。另外，还配有我国产仿俄 A–11 炮射导弹。99 式火力在 2000~5000 米可击穿世界所有现役第三代坦克前装甲。

99 式采用 882 千瓦的 150HB 涡轮增压中冷柴油发动机，最大速度 70 千米 / 时，最大行程 500 千米（与 M1A2 相当），重 50 吨，单位功耗 17.6 千瓦 / 吨。动力舱整体吊装，传动为分置液压传动，有备用机械传动。每侧 6 个负重轮，履带双销挂胶。爬斜度 32%，越壕宽 3 米，过垂直墙 0.85 米，潜深 5 米。发电机 13 千瓦。

↑行进中的 99 式主战坦克

↓硝烟中的 99 式主战坦克

龙文兵器小百科 主战坦克

主战坦克是第二次世界大战后各国军事思想、科学技术和工业发展等诸多因素影响的产物。在总体布置上多数保持了传统的结构形式，即带旋转炮塔的战斗舱居中，前面是驾驶舱，动力传动舱在车体后部。战斗全重36～54吨，火炮口径105～120毫米，发动机功率427～610千瓦，最大速度48～65千米 / 时，最大行程300～600千米。

主战坦克的主要技术特征是：普遍采用了脱壳穿甲弹、空心装药破甲弹和碎甲弹，火炮双向稳定、光学测距仪、红外夜视夜瞄仪器，大功率柴油机或多种燃料发动机，扭杆式独立悬挂装置，改善了防弹外形，降低了车高，采用了三防装置。由于其具有现代技术特征，在战斗中担负主要作战任务，因此便成为了现代装甲兵的基本装备和地面作战的主要突击力量。

主战坦克的出现，有着深刻的时代背景。一方面，坦克技术的发展，使中型坦克的性能大为提高，再发展更重的重型坦克已毫无意义；另一方面，在核战争条件下，机动性差的重型坦克很难满足瞬息万变的战场的作战需要。重型坦克退出战争舞台，是历史的必然，而主战坦克则是中型坦克的继承和发展。

“挑战者”2主战坦克

1990年制成样车。现已战胜竞争对手——豹2改进型、M1A1和“勒克莱尔”主战坦克，被英国陆军选中。英军已订购337辆，用来替换“酋长”坦克。该坦克是在“挑战者”1坦克的基础上研制的，安装新型炮塔和L30型120毫米线膛炮，配用带贫铀弹芯和新研制的尾翼稳定脱壳穿甲弹。

火控系统包括数字式弹道计算机、稳定式瞄准镜、激光测距仪、热像仪等。主发动机为水冷增压柴油机，匹配TN54全自动传动装置。行动装置采用液气悬挂装置和销挂胶履带。车体和炮塔为焊接结构，采用“乔巴姆”复合装甲，运用隐身技术以减少在雷达荧光屏上的图像特征。装有三防装置，灭火装置、热烟幕施放装置、烟幕弹发射器以及环境温度调节系统。有辅助动力装置。

技术性能数据

战斗全重	62.5吨	辅助武器	2挺7.62毫米机枪
乘员	4人	弹药基数	64发
车长（炮向前）	11.55米	火控系统	指挥仪式
车宽	3.52米	发动机功率	880千瓦
车高（至炮塔顶）	2.49米	最大速度	56千米/时
主要武器	120毫米线膛炮	装甲防护	均质钢装甲、复合装甲

↓行进中的“挑战者”2主战坦克

“勒克莱尔”主战坦克

法国研制中的主战坦克，以原法军装甲兵元帅勒克莱尔的名字命名。

“勒克莱尔”主战坦克装1门法国研制的120毫米滑膛炮，带自动装弹机。采用指挥仪式火控系统，可在1秒内捕捉5个目标。动力装置为超高增压柴油机，采用全自动液力机械变速箱。采用液气悬挂装置。

车体及炮塔的大部分装有组件式结构的复合装甲，顶部防护得到加强。有三防装置、自动灭火装置、激光报警装置。

全车采用了战场管理系统及数字式多路传输数据总线，提高了坦克的指挥和自动化水平。

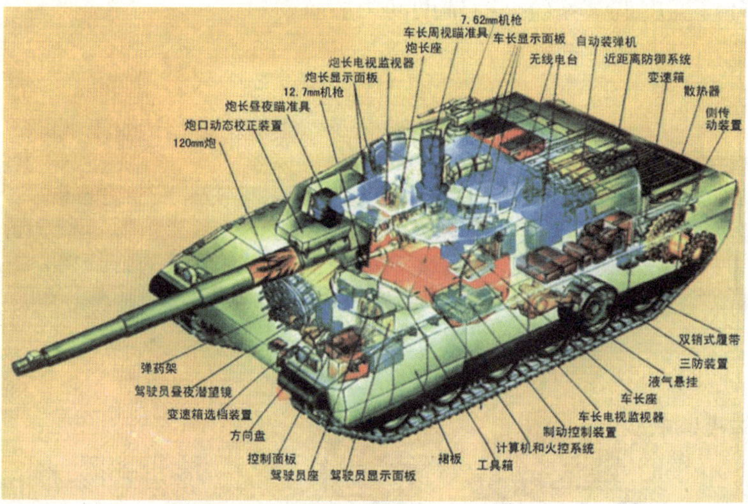

←“勒克莱尔”主战坦克内部结构图

龙文兵器小百科　勒克莱尔

法国元帅。原名菲利普·马里耶·雅克。毕业于圣西尔军校和高等军事学院。第二次世界大战初期任步兵上尉。1940年受伤被俘。后逃至英国，参加戴高乐领导的“自由法国”运动。同年8月前往非洲，化名勒克莱尔。

1943年参加突尼斯战役，组建法第2装甲师。1944年指挥该师参加诺曼底登陆战役，率先攻入巴黎，获“解放者”称号。11月率部攻克斯特拉斯堡，随后进军德国，协同美军攻占贝希特斯加登。1945年7月任法国远东远征军总司令，9月代表法国接受日本投降。1946年7月任驻北非法军总监。死于飞行事故。1952年被追授法国元帅军衔。

→1944年8月，勒克莱尔率部解放巴黎。

↑ “勒克莱尔”主战坦克前视图

龙文兵器小百科 法国坦克

法国是世界上主要坦克生产国之一，其每一代坦克都出现崭新的设计理念。第二次世界大战中被德军闪电战术击溃的阴霾，促使法国人将坦克火力及机动性摆在首位。但其刻意牺牲防护力去获得机动性的做法，在步兵反坦克能力急剧提高的今天，不再适应。

“勒克莱尔”坦克的出现，象征法国坦克重新走回三大性能均衡发展的道路。另一方面，“勒克莱尔”坦克继承了前辈坦克的设计传统，例如外形低矮、单位功率大、车长观瞄仪器良好、大口径并列机枪等。

技术性能数据

战斗全重	54.5 吨
乘员	4 人
车长（炮向前）	9.87 米
车宽	3.71 米
车高 （至炮塔顶）	2.46 米
主要武器	120 毫米滑膛炮
辅助武器	1 挺 12.7 毫米机枪
	1 挺 7.62 毫米机枪

弹药基数	
120 毫米	40 发
7.62 毫米	2000 发
12.7 毫米	800 发
发动机功率	1100 千瓦
最大速度	71 千米 / 时
最大行程	550 千米
装甲防护	复合装甲

进行中的“勒克莱尔”主战坦克

M1主战坦克

M1 坦克以艾布拉姆斯将军的名字命名，1981 年列入美军装备，到目前为止共有 3 种型号：M1、M1A1 和 M1A2，总生产量为 7467 辆，并发展了 M1M2。M1 是基本型，车体和炮塔采用复合装甲，车体内用坚实装甲板将弹药、燃油与乘员隔开，炮塔尾舱顶部装有弹药爆炸波排放板。火控系统包括数字式弹道计算机、热成像仪等。动力装置为燃气轮机，配用自动传动装置。M1A1 坦克用 120 毫米滑膛炮取代原 M1 的 105 毫米线膛炮，安装超压式集体三防装置等。M1A2 坦克采用车长用全景热成像瞄准镜和 CO_2 激光测距仪等。

在海湾战争中，美军首先重点部署了 M1 坦克，但为对付伊军的化学武器，特从欧洲调派了更先进的 M1A1 坦克。

↑ M1 型“艾布拉姆斯”坦克彩色高清晰分解构造图

←M1A1坦克安装超压式集体三防装置

技术性能数据

战斗全重	57 吨
乘员	4 人
车长（炮向前）	9.828 米
车宽	3.653 米
车高（至炮塔顶）	2.438 米
主要武器	120 毫米滑膛炮
辅助武器	2 挺 7.62 毫米机枪
	1 挺 12.7 毫米机枪
弹药基数	
120 毫米	40 发
7.62 毫米	11400 发
火控系统	指挥仪式
发动机功率	1103 千瓦
最大速度	66.8 千米 / 时
最大行程	465 千米
装甲防护	复合装甲

90式主战坦克

↑日本90式主战坦克开炮

日本在第二次世界大战后研制的主战坦克，1990年定型，日本自卫队原计划采购600~800辆。采购单价高达850万美元。

90式主战坦克采用日本特许生产的德国莱茵金属公司的120毫米滑膛炮，带自动装弹机，炮长瞄准镜内组装激光测距仪，并配有热像仪，具有行进间和夜间射击的能力。

动力装置为二冲程、水冷、增压柴油机，采用带液力器和静液转向机构的自动变速箱，悬挂装置为液气－扭杆混合式。主要部位采用复合装甲或间隔装甲。有三防装置、自动灭火装置和激光探测报警装置。整车外形上与豹2坦克相似，但每侧有6个负重轮，3具烟幕弹发射器。

↑日本在第二次世界大战后研制的90式主战坦克

技术性能数据

战斗全重	50吨
乘员	3人
车长（炮向前）	9.7米
车宽（不带裙板）	3.4米
车高（至炮塔顶）	2.3米
主要武器	120毫米滑膛炮
辅助武器	1挺7.62毫米机枪 1挺12.7毫米机枪
弹药基数	40发
火控系统	指挥仪式
发动机功率	1100千瓦
最大速度	70千米/时
最大行程	300千米
装甲防护	复合装甲

豹2主战坦克

德国陆军中现装备的最新式的主战坦克，1979 年 10 月正式装备联邦国防军。到 1990 年，德国陆军装备了 2050 辆豹 2 主战坦克。装备豹 2 坦克的还有荷兰（445 辆）和瑞士（380 辆）。

豹 2 坦克是西方最早装 120 毫米滑膛炮的坦克，并有先进的综合火控系统，具有行进间射击和夜间作战的能力。

发动机为涡轮增大压、多燃料发动机，单位体积功率高。采用间隙式复合装甲和隔舱化布置，有三防装置及自动灭火抑爆装置。

豹 2 坦克有 A1、A2、A3、A4、A5/A6、A7 及出口型豹 2NL、豹 2CH，它们在细微结构上有所不同。

←↓ 强悍的德国豹 2 主战坦克

技术性能数据

战斗全重	55.15 吨
乘员	4 人
车长（炮向前）	9.61 米
车宽（不带裙板）	3.42 米
车高（至炮塔顶）	2.48 米
主要武器	120 毫米滑膛炮
辅助武器	2 挺 7.62 毫米机枪

弹药基数	
120 毫米	42 发
7.62 毫米	4750 发
火控系统	指挥仪式
发动机功率	1100 千瓦
最大速度	72 千米 / 时
最大行程	550 千米
装甲防护	复合装甲

"梅卡瓦"3型主战坦克

"梅卡瓦"1型和2型坦克的改进型，1990年装备以色列陆军。"梅卡瓦"3型比1型和2型坦克有重大的改进，主要改进有：装1门以色列研制的120毫米滑膛炮，弹药基数略有减少；发动机功率增大；采用模块化装甲设计，具有可更换性，有发展潜力；全电式炮塔驱动装置；增装威胁探测报警装置，能探测到广波谱的电磁波，并报警及采取相应对抗措施。

火控系统升级为斗牛士MK3型，配有可整合激光测距仪的新型炮长瞄准镜、车长指挥塔式昼夜瞄准仪，连同弹道计算机和一套传感器构成指挥仪式火控系统，可简化目标捕捉进程和大大提高行进间命中率。该坦克还装有由阿姆科拉姆公司发展的先进的威胁报警系统。

"梅卡瓦"3型主战坦克是一种生存力更强的新式坦克。

↑ "梅卡瓦"3型主战坦克

↓ "梅卡瓦"3型主战坦克前上部特写

龙文兵器小百科 "梅卡瓦"1型主战坦克

以色列研制的主战坦克，1979年开始装备，以军装备的各型"梅卡瓦"坦克约500辆，其突出的外部特征是大车体、楔形小炮塔，炮塔正面投影面积小。车内有三防装置和自动灭火抑爆装置。战斗室后面有一个宽大的载员舱，车体后部有后门。"梅卡瓦"1型坦克是一种重视生存力的坦克。

↑“梅卡瓦”4型主战坦克，它是在“梅卡瓦”3的基础上对装甲防护和战场管理系统进行了重大的改进和调整，实现现代战场数字化。

↓“梅卡瓦”1型、2型、3型侧面图的比较

龙文兵器小百科 “梅卡瓦”2型主战坦克

MK1型的改进型，1984年开始装备，其主要改进有：炮塔正面及两侧、车体正面均增装一层特种装甲，炮塔后部加装金属挂链，提高了破甲弹的防护力；用特种装甲侧裙板代替1型的钢装甲裙板；采用指挥仪式火控系统；采用以色列研制的新型传动装置，减弱了坦克热特征；迫击炮改为固定安装。

技术性能数据

战斗全重	61吨
乘员	4人
车长（炮向前）	8.78米
车宽（不带裙板）	3.7米
车高（至炮塔顶）	2.64米
主要武器	120毫米滑膛炮
辅助武器	3挺7.62毫米机枪
	1挺60毫米迫击炮
弹药基数	
120毫米	50发
7.62毫米	10000发
火控系统	指挥仪式
发动机功率	895千瓦
最大速度	65千米/时
最大行程	500千米
装甲防护	模块式特种装甲

“公羊”主战坦克

意大利新研制的主战坦克，1990—1994年装备意大利陆军，装备数量约300辆。

该坦克装意大利自产的120毫米滑膛炮，有热像仪，具有行进间对运动目标进行射击的能力和夜间作战能力。

动力装置为增压柴油机。采用复合装甲，并可挂装反应式装甲。有侧裙板、三防装置、自动灭火抑爆装置、烟幕弹发射器。炮塔及车体的正面装甲的倾角较大，是一个重要的识别特征。

↑“公羊”主战坦克的炮塔及车体的正面装甲的倾角较大。

“公羊”主战坦克

技术性能数据

战斗全重	约48吨
乘员	4人
车长（炮向前）	9.519米
车宽（不带裙板）	3.61米
车高（至炮塔顶）	2.46米
主要武器	120毫米滑膛炮
辅助武器	2挺7.62毫米机枪
弹药基数	
120毫米	约42发
7.62毫米	2500发
火控系统	指挥仪式
发动机功率	895千瓦
最大速度	65千米/时
最大行程	550千米
装甲防护	复合装甲

T-80主战坦克

←T-80 式主战坦克

1984 年装备苏联部队，总生产量约 7000 辆。它是在 T-6B 坦克基础上研制的，保留了原武器系统，但加长了车体，采用新的动力装置和行动装置，改进了装甲防护。

火炮配备自动装弹机，发射分装式炮弹和反坦克导弹。综合火控系统包括弹道计算机、激光测距仪、双向稳定器、红外夜瞄装置等。

动力装置为燃气轮机，匹配自动传动装置。行动装置采用液气悬挂装置。炮塔是铸造的，车体前部采用复合装甲，主要部位装有反应式装甲和防核辐射衬层，车体两侧有橡胶裙板。车内有集体三防装置和自动灭火装置。

T-80 改进型坦克改进了火控系统。用柴油机替换燃气轮机。车体装甲板和炮塔上安装新型被动式附加装甲块。

技术性能数据

战斗全重	43 吨
乘员	3 人
车长（炮向前）	9.9 米
车宽	3.4 米
车高（至炮塔顶）	2.3 米
主要武器	125 毫米滑膛炮
辅助武器	1 挺 7.62 毫米机枪
	1 挺 12.7 毫米机枪
弹药基数	
125 毫米	40 发
7.62 毫米	2000 发
12.7 毫米	300 发
发动机功率	735 千瓦
最大速度	75 千米 / 时
最大行程	400 千米
装甲防护	复合装甲、均质装甲

美国M2步兵战车

↑ M2 履带式步兵战车

1979 年 12 月，M2 型步兵战车投产并很快装备美军部队，该车被命名为“布雷德利”战车，参加过海湾战争。车体为铝合金装甲焊接结构。

火炮采用双向供弹方式，可以单发或以 100 发 / 分、200 发 / 分的射速射击。炮手配备昼夜合一瞄准镜，其夜视部件为红外热成像装置。炮塔的转动、火炮和导弹发射架的俯仰采用电动式，并配有双向稳定系统。发动机为水冷涡轮增压柴油机，动力通过静液机械式传动装置传递。

行动装置采用高强度扭杆、液压减振器。车内装有气体过滤装置、自动灭火装置。炮塔前部火炮两侧各装一组 4 具烟幕弹发射器。车体外面可安装反作用装甲，战斗室内部也加装“凯芙拉”防弹衬层。

该车未来的改进计划主要是增强火力，技术途径是增大主炮口径与改进火控系统，以便有效地对付未来防护性能增强的敌方步兵战车和空中目标。其他改进项目还有热像驾驶仪、导航装置和新式电台等。

龙文兵器小百科 步兵战车

步兵战车诞生于20世纪60年代，主要是为了步兵乘车协同坦克作战，增强对付敌反坦克武器的能力，提高部队的进攻速度而发展的一种新车型。

它的主要特点是乘载步兵既可在车上发射火力，伴随坦克高速突击，还可下车作战。而且，步兵战车车载火力较强，可独立遂行作战任务，以车载武器支援乘载步兵的作战行动。在机械化步兵部队中，装备到步兵班。步兵战车包括履带式和轮式两种。

该车已经采用和正在试验的变型车有：MLRS 多管火箭炮、M2 防空车、装 35 毫米机关炮的步兵战车、装复合材料车体的 M2 步兵战车、装复合材料炮塔的 M2 步兵战车。

← 整齐列阵的 M2 步兵战车

英国“武士”步兵战车

↑行进在伊拉克的英国“武士”步兵战车

研制时称 MCV-80 机械化战车。1987 年装备英国陆军，订购总数为 1048 辆。

该车参加了海湾战争。车内由前至后分为驾驶 - 动力部分、战斗部分、载员室，主动轮前置，车体后部有单扇尾门。

推进系统包括水冷柴油机、全自动变速箱、静液转向装置、扭杆式悬挂装置等。

车体为铝合金装甲全焊接结构，炮塔的上部采用了“乔巴姆”复合装甲。炮塔外部两侧各装有 4 具烟幕弹发射器。该车有三防装置。

变型车较多，主要有：指挥车、抢救修理车、自行迫击炮、侦察车、工程车、“霍特”反坦克导弹发射车、MCV-105 战斗坦克、自行高炮、防空导弹发射车、自行多管火箭炮、炮兵观察车等。

技术性能数据

战斗全重	24 吨
乘员	3 人
载员	7 人
车长	6.34 米
车宽	3.034 米
车全高	2.735 米
火炮口径 / 类型	30 毫米机关炮
辅助武器	1 挺 7.62 毫米机枪
弹药基数	
30 毫米	228 发
7.62 毫米	2200 发
夜间观瞄仪器	微光式
发动机功率	404 千瓦
最大速度	75 千米 / 时
最大行程	500 千米

“武士”步兵战车自 1987 年起开始装备英国陆军。

俄罗斯BMP-3步兵战车

BMP-3 步兵战车系俄罗斯第三代履带式步兵战车，20 世纪 80 年代初开始研制，1986 年投产，1990 年 11 月在红场阅兵式上首次露面。

行进中的BMP-3 步兵战车

技术性能数据

乘员	3＋7 人	公路最大速度	70 千米 / 时
战斗全重	18.7 吨	主要武器	100 毫米滑膛炮
公路最大行程	600 千米	辅助武器	30 毫米机炮
越壕宽	2.5 米	并列武器	7.62 毫米机枪 ×3
过垂直墙高	0.8 米	反坦克导弹	AT-10
单位功率	25 千瓦 / 吨	弹药基数	
车长	6.73 米	100 毫米	40 发
车宽	3.3 米	30 毫米	500 发
车高	2.45 米	7.62 毫米	6000 发
车底距地高	450 毫米	反坦克导弹	6 发

BMP-3 步兵战车系俄罗斯第三代履带式步兵战车，20 世纪 80 年代初开始研制，1986 年投产，1990 年 11 月在红场阅兵式上首次露面。

投产前，该车在各种实战条件下进行了大规模的野外试验，其性能较之 BMP-2 第二代步兵战车又有了很大的提高。

BMP-3 配备有 1 门 100 毫米主炮，这门炮既能发射一般火炮用弹药，又可以发射抛射导弹，该炮与俄罗斯能发射同型导弹的 T-55AM2B 坦克和 MT-12 牵引式反坦克炮的火炮一样。这是国外步兵战车迄今装备的口径最大的火炮。

辅助武器有 30 毫米机关炮 1 门、PIIK 式 7.62 毫米并列机枪 1 挺和同口径车首机枪 2 挺。

BMP-3 步兵战车车载的 30 毫米机关炮位于主炮右侧，目前尚未确认是否是 BMP-2 步兵战车上的 2A42 型同口径。

龙文兵器小百科　步兵战车是主战坦克的好伙伴

步兵战车是一种输送步兵并可作步兵作战平台的装甲战斗车辆。它除担负输送步兵任务外，还是步兵的基本战斗工具，使步兵成为装甲步兵。步兵战车具有高度的机动性、较强的火力和一定的装甲防护力，可搭载一个步兵班，协同坦克作战或独立遂行战斗任务，车上一般装备1挺机枪、1门小口径机关炮和1具反坦克导弹发射架，有的还装备防空导弹，分履带式和轮式两种，一般能水陆两用。

在海湾战争中，交战双方动用步兵战车数量都在1000辆以上。步兵战车在协同主战坦克作战中的突出表现推动着步兵战车在高技术和数字化大道上阔步前进。可以认为，在未来战场上，步兵战车将继续成为主战坦克的亲密伙伴和最佳搭档。

↑ *俄陆军的 BMP-3 步兵战车。据估计，截止到 2002 年，该车共生产了 1000 辆以上。1990 财年，该车的单车价格为 80 万美元，1999 财年也只有 80.8 万美元。*

龙文兵器小百科　战车"三兄弟"　最棒属"老三"

↑ *BMP-3 步兵战车供弹系统特写*

BMP-1、BMP-2和BMP-3步兵战车，堪称是俄罗斯步兵战车"三兄弟"，是世界上最先发展了三代的步兵战车。BMP系列步兵战车，也是世界上装备数量最多、装备国家最多的步兵战车。

战车"三兄弟"中，"老大"BMP-1步兵战车资格最老，1966年起装备苏军；"老二"BMP-2步兵战车大约于1976—1977年间投产，1982年的红场阅兵式上首次向世人展示；"老三"BMP-3，直到1990年5月9日莫斯科庆祝反法西斯战争胜利45周年的阅兵式上才公开露面。

这三种步兵战车，尽管有许多相像之处，但是，由于炮塔及武器的不同，外观上不难识别。从外观和零部件的通用性上看，BMP-1和BMP-2更接近些，BMP-3和BMP-1/2的差别相当大，甚至可以说是一种全新的步兵战车。

日本89式步兵战车

89 式步兵战车由日本三菱工业公司、日本制钢所生产。车体为铝合金焊接结构。双人炮塔前面装有 1 门自动机关炮和 1 挺并列机枪，两侧各安装 1 具反坦克导弹和 3 具烟幕弹发射器。

↑ 日本 89 式步兵战车

载员舱两侧各有 3 个球形射击孔。机关炮的射速为 200 发 / 分，导弹用激光制导。夜瞄仪器采用微光电视。发动机为水冷增压柴油机。行动装置采用扭杆式悬挂装置。炮塔采用夹层装甲，车两侧装有 5 毫米厚的侧裙板。

车内配备三防装置。该车不具备浮渡能力。

↓ 性能不错的日本 89 式步兵战车

技术性能数据

战斗全重	25 吨
乘员	3 人
载员	6 人
车长	6.7 米
车宽	3.2 米
车高	2.5 米
主要武器	35 毫米机关炮
辅助武器	1 挺 7.62 毫米机枪
	2 具反坦克导弹发射架
发动机功率	441.18 千瓦
最大速度	70 千米 / 时
装甲防护	铝合金、夹层装甲

德国“美洲狮”步兵战车

↑ 德国“美洲狮”步兵战车

2005年首辆样车完成，2008年开始批量生产。车体采用无焊接薄装甲板制成，炮塔结构小而轻，炮塔内无乘员，车长和炮长均位于车体内。炮塔顶部中央装有可旋转360度的光学装置，供乘员使用。炮塔右部装有主要武器和辅助武器。

“美洲狮”步兵战车采用MTU公司生产的世界上结构最紧凑、重量最轻的MT-902V-10型高功率密度型柴油发动机。

“美洲狮”步兵战车将至少服役30年，其设计具有延长装备时间的潜力。目前，德国已经开始研发对步兵战车的改进，包括战场内敌我识别、指挥控制、通信和情报系统以及德国未来士兵系统等方面。

↑德国新型“美洲狮”步兵战车将是豹2主战坦克最强有力的作战伙伴。

↑德国陆军即将装备最新型“美洲狮”步兵战车。

技术性能数据

战斗全重	31.45~43吨
乘员	3人
车长	7.27米
车宽	3.71米
车高	3.05米
主要武器	Mk30-2ABM型30毫米双弹链供弹机关炮
辅助武器	7.62毫米机枪、MG4型5.56毫米并列机枪

LAV-25轮式步兵战车

1980 年，美国为了满足新组建的快速反应部队和紧急部署部队的需要，根据 LAV 轻型装甲车辆大纲，决定发展一种轮式步兵战车，由美国陆军和海军陆战队共同负责实施，并提出了能满足双方要求的战术技术指标。

↑ LAV-25 轮式步兵战车

1981 年有 7 家企业的 8 个方案投标，其中有 3 家的 4 种车型参加了 1982 年的竞争性对比试验。1982 年 9 月，美军正式宣布加拿大通用汽车公司柴油机分部的方案中标，并将该公司提供的“锯脂鲤”轮式装甲车（8×8）命名为 LAV-25 轮式装甲车。

↓ 美国为了满足新组建的快速反应部队和紧急部署部队的需要而发展的 LAV-25 轮式步兵战车

该车实际上是一种轮式步兵战车，系加拿大通用汽车公司柴油机分部根据瑞士莫瓦格公司的特许而生产的。

美军签订的第一个合同的总采购量为 969 辆，其中陆军 680 辆，海军陆战队 289 辆，总金额为 4.778 亿美元，以后视需要还可追加 598 辆。

该合同第一批订货为 1982 财政年度的 60 辆，系海军陆战队订购的；第二批订货为 1983 财政年度的 170 辆，其中海军陆战队 134 辆，陆军 36 辆。

第一批中的第一辆已于 1983 年 10 月交货。1984 年，陆军因该车战斗全重、火炮口径、载员数量与海军陆战队存在分歧而退出了该计划，余下的车辆全部由海军陆战队包购。按 1987 财政年度美元的币值，每辆价格为 74.4863 万美元。

←LAV 轮式装甲车

↓ 整装待发的 LAV-25 轮式步兵战车

龙文兵器小百科 LAV-25车族

LAV（M）自行迫击炮
LAV（AT）反坦克导弹发射车
LAV（AD）防空车
LAV-25——(M) EWSS机动电子战支援系统
LAV（L）后勤支援车
LAV（C）指挥控制车
LAV（R）保养抢救车
LAV-105（AG）自行突击炮

龙文兵器小百科 “锯脂鲤”装甲车

“锯脂鲤”英文称作Piranha，国内曾有不规范译名“皮兰哈”、“食人鱼”和“剪刀鱼”等。“锯脂鲤”装甲车是个奇迹。沃尔特·卢福先生大概没有想到，他在1950年于瑞士北部克罗伊茨林根创办的私人小企业莫瓦格公司会有这样惊人的发展。

莫瓦格公司推出了世界名牌“锯脂鲤”和“鹰”式装甲车。公司有7.5万平方米的厂房、11万平方米的试验场地，从业人员却只有450人。前几年，年事已高的沃尔特·卢福将莫瓦格公司的经营权卖给了美国通用公司。现今，在克罗伊茨林根的莫瓦格AG工厂专用于开发试验新型车辆，批量生产交给了其他子公司。

↓ LAV-25 步兵战车精美海报

BTR-90轮式装甲输送车

BTR-90 轮式装甲输送车由俄罗斯阿尔托玛兹机械厂研制，其具有很高的机动性、火力和生存能力，可供机械化步兵和海军陆战队执行火力支援、输送人员、监视、侦察和巡逻任务。

该车有多种变型车，包括步兵战车、指挥车、控制车、通信车和技术与医疗支援车等。

该车采用封闭式焊接装甲钢板车体。车体设计基于世界不同地区的作战经验和专家评估。动力舱在后，战斗舱在前，突击队员舱位于车体中部。车长和炮长位于炮塔中，车长可以进行全方位侦察、目标识别，如果有需要还可以控制车载建制武器。车载建制武器包括1门2A42式30毫米自动炮、1挺PKT7.62毫米同轴机枪和1具AGS-17式30毫米榴弹发射器。

炮塔上的1具反坦克导弹发射器可以拆下来以便于地面发射。火控系统由炮长用BPKZ-42型综合昼/夜瞄准具和车长用1P-13型光学瞄准具组成。

BTR-90的前装甲可防小口径自动武器射击，侧装甲可防大口径机枪和炮弹破片，还可加装附加装甲。

↑ *BTR-90轮式步兵战车由俄罗斯阿尔托玛兹机械厂研制。*

↓ *BTR-90轮式步兵战车具有很高的机动性、火力和生存能力。*

→ *BTR-90轮式步兵战车*

中国81式122毫米火箭炮

↑ 中国 81 式 122 毫米火箭炮

20 世纪 80 年代初装备中国陆军。发射管 40 个，分 4 层排列，每层 10 管。可以遥控发射，发射车采用越野汽车底盘。今后还将配用远程弹和反装甲弹种。

火箭弹重 66.7 千克，齐射时间 18~22 秒，最大射程 20700 米，战斗全重 15.16 吨，最大行驶速度可以达到 50 千米 / 时，炮班人数 7 人。

龙文兵器小百科　火箭炮

火箭炮是炮兵装备的一种多发联装火箭弹发射装置。按运动方式可分为牵引式和自行式；按结构可分为滑轨式、笼式、筒式和箱式。具有发射速度快、火力猛、威力大、机动性能好的特点，但发射时火光大，阵地容易暴露，因此比较适于对大面积目标射击。

↑ 中国 81 式 122 毫米火箭炮齐射时，像火山喷发炽热岩浆，铺天盖地般倾泻在目标上。

中国WM-80式273毫米火箭炮

中国 WM-80 式 273 毫米火箭炮系统是在 83 式基本型 273 毫米火箭炮系统基础上发展的远程火箭炮系统，是中国新近研制成的多管火箭炮之一。整套系统由火箭发射车和弹药补给车组成。

火箭运载发射车通常由 3 人操作，但在紧急情况下，一个人也能独立完成发射任务。如果需要的话，操纵人员也可下车实施遥控操纵射击。

该火箭炮既可单发射击，也可连发射击。射击时，4 个液压千斤顶（车体尾部 2 个，车体两侧各 1 个）放下，支于地面，以保障射击时火箭炮的稳定性。

火箭弹初速 40 米 / 秒，最大飞行速度 1140 米 / 秒，对应于最大射程角的最大的飞行高度 31000 米，最大射程飞行时间 165 秒，最小射程 34 千米。火箭发动机采用 205.5 千克 HPTB 固体推进剂，推进剂与壳体黏结，为内燃管状药柱。

↑ 中国 WM-80 式 273 毫米火箭炮

↓ 中国 WM-80 式 273 毫米火箭炮是中国新近研制成的多管火箭炮之一。

俄罗斯“旋风”300毫米火箭炮

↑“旋风”系统主要用于消灭火炮营、指挥所和弹药库集中地区的有生力量，摧毁非装甲和装甲目标。

1987年开始装备苏军部队，是当今世界口径最大、射程最远的火箭炮。12个发射管，上面一排4管，下面两侧各4管。

发射车采用MA3-543M式8×8卡车底盘。配用榴弹、子母弹，子母弹内装有72枚预制破片子弹。车内配有自动化火控系统，弹上装有自动修正、导向和控制装置，射击精度明显高于其他火箭炮。

火箭弹重800千克，齐射时间38秒，最大射程70千米，战斗全重43.1吨，最大行驶速度可达65千米/时，最大行程650千米，炮班人数4人。

← 俄罗斯“旋风”多管火箭炮系统

龙文兵器小百科　世界上第一门现代火箭炮

1933年苏联研制成功的BM13型火箭炮是世界上第一门现代火箭炮。这种自行式火箭炮安装在载重汽车的底盘上，装有轨式定向器，可联装16枚132毫米尾翼火箭弹，最大射程约8500米，1939年正式装备苏军，1941年8月在斯摩棱斯克的奥尔沙地区首次实战应用。当时苏军的一个火箭炮连以一次齐射，摧毁了纳粹德国军队的铁路枢纽和大量军用列车。不仅消灭敌人大量有生力量和军事装备，而且给敌人精神上以巨大的震撼。为了保密，当时苏军未给火箭炮定名，但在发射架上标有表示沃罗涅日州“共产国际”兵工厂的“K”字。可能由于这个缘故，苏军战士便把这种威力巨大的新式武器亲切地称之为“喀秋莎”。

↑ BM13型火箭炮

美国M270式227毫米火箭炮

1983 年开始装备美国陆军并成为北约制式武器。

该火箭炮由履带车体、发射箱和火控系统三大部分组成。

发射箱内有 12 个发射管。配用弹种以子母弹为主，一次齐射可覆盖 6 个足球场大小的面积。

发射车采用 M2 式步兵战车底盘，配用先进的数字式火控系统。

1991 年在海湾战争中，该炮发挥了很大作用，被视为反炮兵战的最佳武器。

火箭弹重 310 千克（子母弹）、257.5 千克（布雷弹），齐射 50 秒，最大射程 32000 米（子母弹）、40000 米（布雷弹），战斗全重 25.191 吨，最大行驶速度 64 千米 / 时，最大行程 483 千米，炮班人数 3 人。

↑ M270 式 227 毫米 12 管火箭炮于 20 世纪 70 年代开始研制，1983 年装备美军。

←↑ M270 式 227 毫米火箭炮发射的瞬间

中国PLZ45型155毫米自行榴弹炮

↓ PLZ45 型 155 毫米自行榴弹炮性能优良

PLZ45 型 155 毫米自行榴弹炮及其指挥系统是一种先进的、理想的支援武器系统，技术成熟，性能优良。该系统相当先进，并于 1997 年年底接到科威特 27 辆的订单。

PLZ45 型 155 毫米自行榴弹炮为 45 倍口径，可发射北约制式弹药。它射程远，射速高，其上装有惯性寻北仪、卫星定位接收器、激光测距仪、无线数字对话转换器和全自动操纵瞄准系统等。良好的底盘设计改善了武器的机动性。火炮战斗反应异常迅速。

该炮的弹道性能与 155 毫米牵引火炮相同，动力装置采用 525 马力（386 千瓦）风冷增压柴油机。

该炮战斗全重 32 吨，乘员 5 人，最大射程 30 千米，射速 4~5 发 / 分，身管寿命 900 发。射击指挥车是全武器系统的核心，其性能先进，功能齐全。

该车重 32 吨，采用 320 马力（235 千瓦）BF8L413F 型发动机，可载 4~6 名乘员，最大公路行驶速度可达 50 千米 / 时，并可随同坦克在田野中以 35 千米 / 时的速度行驶。

↓ 中国 PLZ45 型 155 毫米自行榴弹炮可发射北约制式弹药。

↑↓→中国PLZ45型155毫米自行榴弹炮发射多种增程全膛弹药。

↓在1997年为科威特陆军提供一个营的自行榴弹炮的竞争中，中国的PLZ45型令人惊讶地击败了美国和欧洲的竞争者赢得合同。

龙文兵器小百科 榴弹炮

榴弹炮是比加农炮身管短、初速小、弹道比较弯曲的火炮，适于对遮蔽物后目标和水平目标射击。榴弹炮按机动方式可分为牵引式和自行式两种。

榴弹炮弹道较弯曲，弹丸的落角很大，接近沿铅垂方向下落，因而弹片可均匀地射向四面八方。榴弹炮可以配用燃烧弹、榴弹、特种弹、杀伤子母弹、碎甲弹、制导弹、增程弹、照明弹、发烟弹、宣传弹等多种弹药，采用变装药变弹道可在较大纵深内实施火力机动。

榴弹炮是地面炮兵的主要炮种之一，早在17世纪欧洲就把这种射角很大的炮称为榴弹炮。

美国M109A6式155毫米自行榴弹炮

该炮1993年装备美国陆军，是美军炮兵的主炮，为M109式自行火炮的最新改进型。与原型相比，加长了身管，增大了射程，采用半自动装填机构，增加弹药携行量。配有自动火控计算机和车辆定位定向装置，可独立实施射击。系统反应能力、生存能力、系统可靠性和弹药的终点效应均比原型有大幅度提高，具备了新型自主式火炮的特点。

最大初速827米/秒，弹丸重43.5千克，持续射速8发/分，最大射程24000米（榴弹）、30000米（火箭增程弹）、战斗全重28.350吨，最大行驶速度55千米/时，最大行程283千米。

↓美制M109A6式155毫米自行榴弹炮是美军炮兵的主炮。

龙文兵器小百科　自行火炮为什么装在履带式的车辆上呢？

火炮被称为“战争之神”。自行火炮起源于第二次世界大战的法西斯德国，当时德国陆军将一种淘汰的坦克底盘装上大口径榴弹炮装备炮兵，当时它的名称是突击炮。

自行火炮装在履带式的车辆上，是根据物理中讲过“摩擦力”的作用和压强的概念。为了在沼泽地带行进时防止沉重的火炮陷入泥潭，就必须增加接触地面的面积，而轮式车辆接触地面的面积较小，履带式车辆是两条宽带式接触，因而接触面积较轮式车辆的大，因此压强比较小，不易陷入沼泽。

英国AS90式155毫米自行榴弹炮

该炮于1993年列装，炮车上装有火控计算机，动态基准装置、车辆导向装置、自动供弹系统、夜间瞄准系统和三防设备，现配用的是39倍口径长的身管，今后打算安装52倍口径长的身管。

最大初速827米/秒，最大射速6发/分，最大射程24700米（榴弹）、32000米（底排弹），战斗全重46.3吨，最大行驶速度53千米/时，最大行程420千米，炮班人数5人。

↑↓英国AS90式155毫米自行榴弹炮

俄罗斯2C19式152毫米自行榴弹炮

1988 年开始装备部队，取代 2C3 式自行榴弹炮，是俄军方面军、集团军炮兵的主炮。

全炮由 2A65 式 152 毫米火炮身管和 T80 坦克底盘构成。采用全自动装填机构，携弹药 50 发。

炮车上装有射击诸元显示器。配用弹种较多，可发射“红土地”激光制导反坦克炮弹。

最大初速 810 米 / 秒，弹丸重 43.56 千克，最大射速 8 发 / 分，最大射程 24700 米（榴弹）、30000 米（火箭增程弹），战斗全重 42.5 吨，最大行驶速度 60 千米 / 时，最大行程 500 千米，炮班人数 7 人。

← 俄罗斯 2C19 式 152 毫米自行榴弹炮

德国PZH2000式155毫米自行榴弹炮

德国 PZH2000 式 155 毫米自行榴弹炮

该炮采用 52 倍口径长的身管，配有热成像昼夜瞄准具、综合式定位定向系统、数字计算机，实现了自动瞄准、自动供弹。配用反坦克弹药，并采用了模块式装药。1998 年装备部队。主要装备在野战炮兵营，每营下辖 3 个炮兵连，每连装备 6 门炮。到 2002 年年底，德国陆军已经接收了 185 辆 PZH2000 自行榴弹炮，随着希腊、荷兰、意大利、瑞典相继订购这种武器，PZH2000 很快就成为“欧洲自行榴弹炮”。

最大初速 945 米 / 秒，最大射速 8 发 / 分，最大射程 30000 米（普通榴弹）、40000 米（远程弹），战斗全重 55 吨，最大行驶速度 60 千米 / 时，最大行程 420 千米，炮班人数 5 人。

↓行进中的德国 PZH2000 式 155 毫米自行榴弹炮

由于德国陆军要求自行火炮能伴随坦克作战，PZH2000很注重防护性能。PZH2000的装甲可以保护火炮和乘员免遭轻武器和炮弹弹片的伤害，在炮塔顶部还有附加装甲，车内有自动灭火系统和三防系统。还有1挺7.62毫米机枪作为辅助武器使用。

可见，PZH2000具有射程远、弹量大、射速高、机动性能好、防护能力强等特点，使之当之无愧地成为世界最先进的自行火炮之一。

↑ 德国PZH2000式155毫米自行榴弹炮

龙文兵器小百科　欧洲火炮"奇葩"

↑ 德国"阿格姆"自行榴弹炮

在成功研制并装备PZH2000重型自行榴弹炮之后，德国又推出了一款轻型自行榴弹炮系列——"阿格姆"，该炮是针对未来武器装备要能够空运的要求而研制的，是一种重量轻、威力大的火炮系统。

该系统在美国的"十字军战士"下马后，成为世界上最先进的自行榴弹炮系统，而且是当今世界上第一种正式列装的采用52倍口径身管的履带式自行榴弹炮系统。

与PZH2000自行榴弹炮相比，"阿格姆"系统具备以下两个特点：一是重量轻；二是通用化程度高。另外，"阿格姆"备有人工装填和击发机构，能够攻击机动目标，可以进行360°射击，且具有直瞄射击能力。

↓ 德国"阿格姆"52倍口径155毫米炮兵火炮模块初始研制样炮发射试验。

瑞士GDF-004式35毫米双管高射炮系统

GDF-004 是瑞士于 1984 年开始在 GDF-003 基础上改进的全自动、全天候高射炮系统，现已进入批量生产，并已为加拿大军队所采用。

它的主要特点是：使用瑞士 KDC35 毫米机关炮；具有雷达（“防空卫士”）和光电（“炮王”瞄准具）两套火控系统，命中精度高，抗干扰能力强，配用两个自动输弹装置，射击操作只需一人，电源装在炮上，机动性好，配用新式薄壁榴弹的单发毁歼概率达 75%。该炮是当今世界一种先进的牵引式高射炮系统。

有效射程 4000 米，有效射高 3000 米，射速 1000 发 / 分，战斗全重 7.7 吨，雷达搜索距离 0.3~18 千米，跟踪距离 15 千米。

↑ 瑞士 GDF-004 式 35 毫米双管高射炮是当今世界一种先进的牵引式高射炮系统。

龙文兵器小百科 高射炮

从地面对空中目标射击的火炮。射界大，发射速度快，射击精度高。多数配有火控系统，能自动跟踪、瞄准目标。按口径可分为小口径（小于60毫米）高射炮、中口径（60~100毫米）高射炮和大口径（大于100毫米）高射炮；按运动方式可分为自行高射炮和牵引高射炮；按身管数量可分为单管高射炮和多管高射炮。高射炮出现于第一次世界大战前夕，20世纪60年代以来各国着重发展小口径多管联装高射炮武器系统。

← GDF-004 式 35 毫米双管高射炮

俄罗斯“通古斯卡”弹炮合一防空系统

↑俄罗斯“通古斯卡”弹炮合一防空系统

由俄罗斯图拉设计局研制的“通古斯卡”弹炮合一自行防空系统在军队里知名度非常高，其作战性能优于世界上的同类系统。它的无线电－光学控制系统以其高度的抗干扰性和定位的准确性而著称，可在任何气候条件下打击任何目标。

“通古斯卡”（2C6 式）于 1988 年开始在苏军服役，是某些坦克团防空营的主要装备。

在炮塔两侧各装有 2 门 30 毫米机关炮，各炮下方装有一部四联装导弹发射装置（共装 8 枚“萨姆”19 防空导弹），车体为改进型 MT-C 装甲输送车，火控系统包括搜索雷达、跟踪雷达、光电设备、敌我识别装置和数字式弹道计算机。可在行进中射击。是目前世界上火力最强的防低空机动武器系统。

高射炮有效射程 4000 米，有效射高 3000 米，导弹有效射程 8000 米，射高 3500 米，搜索雷达作用距离 18 千米，跟踪雷达作用距离 13 千米，系统全重 34 吨，最大公路行驶速度 65 千米 / 时。

↑“通古斯卡”弹炮合一自行防空系统目前只出口到了印度。

第3章 威猛军舰

随着导弹武器的发展，世界海军武器装备的发展重点已经从重型战舰转向了驱逐舰和护卫舰，而这两种战舰的吨位不断增大，已经模糊了巡洋舰、驱逐舰和护卫舰之间的区别。潜艇作为水下杀手和核大国的战略核反击骨干，继续得到高度重视和发展。传统海军大国仍然坚持发展航空母舰，以保证远海制空权和对地打击能力。

“阿利·伯克”级驱逐舰

“阿利·伯克”级是美国海军现役和正在建造中的最新一级“宙斯盾”导弹驱逐舰。该级舰共计划建造57艘，到1999年12月已订购48艘。主承包商为巴斯钢铁公司和利顿公司英格尔斯造船厂。

“阿利·伯克”级分成几批建造，DDG-51I批首舰“阿利·伯克”号于1988年12月开工建造，1991年7月4日建成服役，共建造21艘，舷号DDG51-DDG71；DDG-51Ⅱ批是DDG-51I批的改进型，更新了部分武器装备，共建造7艘，舷号DDG72-DDG78。目前，前两批已经全部建成服役，正在建造中的是最新改进型DDG-51ⅡA。

↑→“阿利·伯克”级是美国海军现役的导弹驱逐舰。

技术性能数据

主尺度	长153.8米，宽20.4米
吃水	6.3米
排水量	8422吨（Ⅰ型），9033吨（Ⅱ型），9217吨（ⅡA型，满载）
动力	4台通用电气公司的LM 2500燃气轮机
航速	32节
续航力	4400海里/20节
人员编制	346人，其中军官22（ⅡA型380人，其中军官32名）

龙文兵器小百科 驱逐舰

具有多种作战能力，主要在中远海活动的中型军舰。满载排水量2000～8500吨。最大航速30～37节。装备多种导弹、舰炮、鱼雷、反潜兵器，有的还配备舰载直升机。主要任务是攻击潜艇和水面舰船，担负舰船编队的反潜和防空，支援登陆和抗登陆作战、袭击岸上目标以及护航、侦察、巡逻、警戒等。

“金刚”级驱逐舰

技术性能数据

舰总长	161米	标准排水量	7250吨
舰宽	21米	主机	4台LM2500燃气轮机，102160马力
吃水	6.2米	最大航速	30节

“金刚”级驱逐舰是日本海上自卫队在第二次世界大战后建造的吨位最大、火力最强、性能最优的驱逐舰，也是世界上第二个拥有先进的“宙斯盾”系统的水面舰艇。

它出现的原因是日本海上自卫队急需加强其“八八舰队”的防空能力，在航母受到种种限制、一时无望到手的情况下，拥有出色防空能力的“宙斯盾”级驱逐舰自然成为最好的选择。

该级舰是以美国海军的“阿利·伯克”级驱逐舰为蓝本建造的，在指挥系统和武器装备上大致相同，但舰体却采用了日本的设计，较后者吨位更重、航程更远，从而成为日本海上自卫队引以为荣的最新杰作。

该级舰首舰“金刚”号（DD173）于1990年5月开工，1991年9月下水，1993年3月正式服役。随后是“雾岛”号（DD174）、“妙高”号（DD175）。1998年3月，第四艘“鸟海”号（DD176）服役，标志着建造计划的全部完成。

行驶在海面上的“金刚”级驱逐舰

“无畏” Ⅱ 级驱逐舰

技术性能数据

舰总长	163.5 米
舰宽	19.3 米
标准排水量	7700 吨
满载排水量	8700 吨
总功率	120000 马力
航速	29 节
全舰编制	249 人（其中军官 29 人）
动力装置	
2 台燃气轮机	功率 35.72 兆瓦
2 台燃气轮机	功率 17.79 兆瓦

↑“无畏” Ⅱ 级驱逐舰

1995 年，一艘“无畏” Ⅱ 级驱逐舰的“沙巴涅恩科海军上将”号服役，该舰加装了 2 座四联装 SS—N—22 反舰导弹，而将反潜导弹换成了从鱼雷管中发射的 SS—N—15 型；其次是用 1 座 AK—130 炮（射程 29.5 千米，射速 35~45 发 / 分）替换了 2 座单管 100 毫米炮；近程防御用 2 座 CADS—N—1 弹炮结合系统（其中 6 管 30 毫米炮射程 1.5 千米，SA—N—11 防空导弹射程 8 千米）换下了 4 座 AK—630 型，作战系统也加装了“冠钟”数据链，全舰综合作战能力有了较大提高。

↑蔚蓝大海上的“无畏者”——“无畏” Ⅱ 级驱逐舰

45型驱逐舰

技术性能数据

舰总长	151 米
舰宽	20 米
满载排水量	7200 吨
轻载排水量	5800 吨
航速	29 节
续航力	7000 海里 /18 节
人员编制	190 人
动力装置	综合电力推进 2 台英国罗尔斯－罗伊斯公司和美国诺斯鲁普·格鲁曼公司联合研制的 WR-21 燃气轮机，2 台柴油机

1999 年 10 月，英国、法国和意大利终止“地平线”级护卫舰研制计划后，英国着手建造 45 型驱逐舰，用于舰艇编队的区域防空。

该级舰将建 12 艘，用于替换 42 型驱逐舰。2000 年 12 月，英国国防采办局授予英国宇航赛玛公司价值 12 亿英镑的合同，由其下属的亚罗船厂建造首批 3 艘 45 型驱逐舰。

45 型驱逐舰的主要武器是英国型 PAAMS 主防空导弹系统。PAAMS 由法国、意大利和英国共同开发，研制费用 13 亿英镑，在 1999 年 8 月签订生产合同。在 2001 年 3 月已为 3 艘舰选定 2.5 亿英镑的武器装备。

↑ 火力威猛的 45 型驱逐舰

↓ 英国海军 45 型驱逐舰

↓ 英制 45 型驱逐舰

“地平线”级护卫舰

↑“地平线”级护卫舰

龙文兵器小百科 护卫舰

以导弹、舰炮和反潜兵器为主要武器，具有多种作战能力的轻型军舰。满载排水量600～5000吨。最大航速24～35节。主要任务是担负舰船编队的防空、反潜，支援登陆、抗登陆作战以及护航、巡逻、布雷、警戒等。

“地平线”级护卫舰计划开始于1994年，其作为一项“全欧洲”项目价值130亿美元。原计划建造22艘，英国12艘，法国4艘，意大利6艘。但是1999年年初英国退出了此项计划。法国和意大利决定继续联合，用200亿法郎共同研制和建造4艘“地平线”级护卫舰，每个国家2艘。

基本性能的“地平线”级护卫舰长151.6米，宽17.5米，吃水5.1米，满载排水量为6700吨，主机为两台LM-2500燃气轮机和两台柴油机，总功率达到了69300马赫，这种燃柴联合动力推进，大大增强了其续航能力及远程作战能力，舰上装有“紫菀”30防空导弹的垂直发射系统48管，增强了该舰的防空能力。

该舰最高航速达到29节，装备了MU90鱼雷和法意联合建造的SLAT反鱼雷系统，额定舰员为230人。而多功能护卫舰则发射短程“紫菀”15防空导弹，为小型舰艇作战群提供保护，主要用于反潜和对陆攻击任务。

法国订购的2艘6000吨级的护卫舰分别于2006年和2008年交付使用，用于替代“絮弗伦”和“迪凯斯纳”号护卫舰。意大利的2艘该级护卫舰，分别于2007年和2009年交付使用。

虽然“地平线”是法、意两国联合研制的新型战舰，但我们仍然可以窥见浓郁的法国特色。该型所采用的海军战术情报处理系统、近程防御系统等也是法国自主研制开发的，同时也代表着全球海军武器装备发展的先进水平。“地平线”的研制开发充分体现了法国海军的“一舰多用，平战结合”的思想。

龙文兵器小百科 不同版本的“地平线”

由于“地平线”级护卫舰是由法、意两国共同研制开发，其通用程度超过了90%，不过在部分武器系统上，法国、意大利版的地平线各有不同：

舰炮 法国版为2门OTO-Breda 76毫米隐身快炮超级快速型，并列于舰桥前方的B炮位；意大利版则采用3门OTO 76毫米快炮超级快速型，2门并列于舰桥前方，第三门位于直升机库上方。

声呐系统 法国版配备一具4100CL舰艏低频主/被动声呐以及一具DMS-2000主/被动拖曳数组声呐；意大利版则使用一具Type-2080舰艏低频主/被动声呐以及一具Type-2087主/被动拖曳数组声呐。

舰载直升机 法国版的护卫舰只能搭载NH90直升机，且服役初期配备一架AS-565，意大利的护卫舰则能搭载NH90和EH101直升机。

反潜导弹 法国版选用MM40“飞鱼”导弹，意大利版则选用“奥托马特”导弹。

除此之外，两国的护卫舰还将使用不同的卫星通信系统。

F-124级护卫舰

技术性能数据

项目	数据	项目	数据
舰总长	143 米	满载排水量	5 600 吨
水线长	126.9 米	航速	29 节
舰宽	17.4 米	续航力	4 000 海里 /18 节
吃水	4.4 米	人员编制	255 人(其中军官 39 名)

F-124 级护卫舰是德国、荷兰和西班牙于 1994 年启动的“三国护卫舰计划”(TFC) 的产物。后由于西班牙退出，“三国护卫舰计划”实际上只剩下荷兰和德国。而由 TFC 计划衍生出的就是荷兰的 LCF“普罗文森”级护卫舰和德国 F-124“萨克森”级护卫舰。

TFC 的一大技术特点是强调模块化设计，突出隐身性能，这一点从 LCF“普罗文森”级护卫舰和 F-124“萨克森”级护卫舰上都有很明显的体现。

此外，TFC 的整体发展有明显的“混血”特点，即自主开发和对外引进技术相结合。

在武器系统方面，采用了成熟的美制 Mk-41 垂直导弹发射系统，并且积极谈判引进最新型的“标准”-3 拦截导弹，但在整个舰载反导系统的核心技术——预警雷达方面，坚持不受美国压力，采用了由荷、德、加三国联合研制的“APAR”四面有源相控阵雷达系统。这款“欧洲宙斯盾”是荷兰信号公司主要开发的，以大量民用电子技术为基础，按照战时环境标准予以功能强化，探测距离为 150 千米，同时跟踪 250 个目标，能同时控制 32 枚导弹和自动火炮进行作战，具有对战术弹道导弹的防御能力，对隐身武器也有很强的探测能力。

APAR 具有比美国“宙斯盾”更高的性价比，据称费用不到后者的一半，但可以完成后者 90%的战斗任务。

F-124 级护卫舰在海上执行战斗任务

“佩里”级护卫舰

“佩里”级护卫舰是美国海军中一级性能适中的通用型导弹护卫舰，具有多种战术用途，可以承担防空、反潜、护航和打击水面目标等任务。尽管它的性能不如某些高性能舰艇，但因其价格适中而获得大批量建造。仅至1988年，美国就建造了60艘，其中一部分用于出口。

“佩里”级护卫舰首舰于1975年6月动工兴建，1976年9月下水，1977年12月正式服役。

“佩里”级护卫舰的上层建筑比较庞大，上层建筑四周只设少数的水密门，形成一个封闭的整体，这样就能为舰员和设备提供更多的空间，有利于改善居住条件和增强适航性。

该级舰的生活设施良好，每名舰员平均享受19.6平方米的生活空间。

舰上的动力装置采用全燃动力装置，这种装置具有重量轻、体积小、噪声低、操纵性好等特点，而且低速性和可靠性颇佳。

“佩里”级护卫舰在设计中充分考虑到舰上维修方便的需要，以便尽量减少舰上维修工作量。对于需要修理的设备采取舰外供应、整机更换、舰外修理等方式，力求使舰上设备组件化。

同时，在舰艇布置设计上，尽量使设备易于拆装和内部移动，并为拆装和移动这些设备设计了最佳通路，以及在搬运路线上设置架空轻便轨道、滑车等。主推进燃气轮机可由该舰上层建筑上的排气烟囱卸出，且在40小时内可卸出并更换。

技术性能数据

舰总长	135.6 米	满载排水量	3640 吨
舰宽	13.7 米	动力装置	采用 2 台特强燃气轮机
吃水	4.5 米	总功率	4.16 万马力
标准排水量	2750 吨	最大航速	29 节

“拉斐特”级护卫舰

技术性能数据

舰总长	124.2 米
舰宽	15.4 米
吃水	5.9 米
满载排水量	3600 吨
航速	25 节
续航力	7000 海里 /15 节；9000 海里 /12 节
舰员编制	139 人（其中军官 15 名）

↑“拉斐特”级护卫舰将隐身性与造型艺术结合得如此完美。

↓“拉斐特”级护卫舰是能适应海外远距离独立行动的隐身导弹护卫舰。

法国虽然是一个欧洲大陆强国，但作为老牌帝国主义国家，在南美洲、印度洋、南太平洋等地拥有不少海外领土和领海，法国海军在南大西洋、印度洋和南太平洋都驻有分舰队。

在 20 世纪 80 年代，随着联合国海洋法公约的正式生效，世界各濒海国家都加强了对自身海洋权益的保护，法国海军提出了一个采购一批新型导弹护卫舰、用于保护海外地区领海和专属经济区的计划。

于是，法国舰艇建造局研制了一种能适应海外远距离独立行动的隐身导弹护卫舰，1988 年设计定型。当年 7 月 25 日，法国海军订购了首批的 3 艘，并将其命名为“拉席尔”级，1992 年正式改称“拉斐特”级，并续订了 3 艘。由于第一次采用隐身设计和新型作战系统，造价相对昂贵，而且法国海军当时正在全力建造“戴高乐”号核动力航母和“凯旋”级战略导弹核潜艇，在经费有限的情况下，不得不于 1996 年取消了第六艘及后继舰的采购计划，最终只有 5 艘服役。它们分别是：“拉斐特”号（舷号 F710）于 1990 年 12 月开工建造，1992 年 6 月下水，1996 年 3 月正式服役；“絮库夫”号（F711）、“库伯特”号（F712）于 1997 年服役；“阿考尼特”号（F713）、“盖晋拉特”号（F714）分别于 1999 年和 2002 年服役。

“勃兰登堡”级护卫舰

技术性能数据

舰总长	138.9 米
舰宽	16.7 米
水线长	126.9 米
吃水	6.8 米
满载排水量	4700 吨
航速	29 节
续航力	4000 海里 /18 节
动力装置	2 台通用电气公司的 7LM 2500 SA-ML 燃气轮机
持续功率	11070 马力
人员编制	199 人 +19 名航空人员

↑“勃兰登堡”级护卫舰主要致力于反潜作战。

“勃兰登堡”级护卫舰主要致力于反潜作战，同时可受命承担防空、舰船集团战术指挥和水面作战等多种任务。

该级舰是前“德意志”级，1989 年 6 月 28 日订购 4 艘舰。1988 年 10 月选中布洛姆·福斯公司的设计，并由该公司进一步研制。该级舰用于取代“汉堡”级。1991 年 2 月 5 日开始首次下料。

2003 年装备低频主动搜索声呐系统，1998 年开始装备“税赋”3 型卫星通信系统。该级舰的设计是 MEKO 型舰和改进了操作性能的 122 型的混合产物，与 122 型护卫舰有同样的推进装置，具有现代隐身特征。

全舰采用钢质材料建造，装有减摇鳍。该级舰隶属于第六护卫舰中队，基地在威廉港。

↓“勃兰登堡”级护卫舰

“卡雷尔·多尔曼”级护卫舰

技术性能数据

舰总长	122.3 米
舰宽	14.4 米
吃水	4.3 米
满载排水量	3320 吨
航速	30 节
续航力	5000 海里 /18 节
动力装置	2 台罗尔斯－罗伊斯公司的“斯贝”SM 1C 燃气轮机，双轴，可调螺距螺旋桨
人员编制	156 人，设有 163 个铺位

建造此级护卫舰的目的是为了与“科顿艾尔”级护卫舰编队使用。1985 年 6 月 29 日签订了建造另外 4 艘的合同。试验舰“范·斯派克”号仍在服役使用，但舰名转给新建的此级最后一艘护卫舰，舷号仍使用 F828。

1992 年 1 月到 1994 年中期，一直使用“锡瓦科”ⅦA 系统，1994 年中期开始装备 APECSⅡ电子战系统和 DSBV 61 拖曳阵声呐。

1993 年，“伊尔斯坎”红外指挥仪安装在 F829 舰的机库顶上作试验。超高频卫星系统以美海军 WSC-6 系统为基础设计，两部天线可提供包括高纬度地区在内的 360° 覆盖。采用降低雷达和红外信号特征的设计，具有广泛的三防和损管布置。全自动操作并装有横摇稳定装置。

↓“卡雷尔·多尔曼”级护卫舰

“安札克”级护卫舰

↑“安札克”级护卫舰是一级以反潜为主的多用途护卫舰。

澳大利亚海军和新西兰海军建造“安札克”级护卫舰是为了替补退役或即将退役的护卫舰。1989 年 11 月 10 日，澳大利亚海事工程联合公司作为主承包商签订了建造 10 艘护卫舰的合同，其中 8 艘为澳大利亚海军建造，2 艘为新西兰海军建造。首舰命名为“安札克”号，1993 年 11 月开工，1994 年 9 月下水，1996 年 5 月完工服役。

按照“安札克”最终装备目标，它是一级以反潜为主的多用途护卫舰，其主要使命任务如下：

1.为机动作战编队护航，担负反潜、防空和对海作战任务。

2 .保护澳大利亚的海区和重要航道免受敌潜艇的威胁。

3 .攻击敌水面舰艇。

技术性能数据

舰总长	118 米
水线长	109 米
舰宽	14.8 米
吃水	4.4 米
满载排水量	3600 吨
航速	27 节
续航力	6000 海里 /18 节
动力装置	1 台通用电气公司
LM2500	燃气轮机
持续功率	30172 马力，双轴，
	可调螺距螺旋桨
人员编制	163 人

↓行进中的“安札克”级护卫舰

“俄亥俄”级潜艇

美国军方在20世纪70年代初期展开了三叉戟Ⅰ型潜射弹道导弹的计划，同时开始发展一种新型的弹道导弹潜艇以供三叉戟导弹使用。最初的计划乃是建造一种“拉法耶”级的改良型潜艇，并使用相同的西屋S5反应堆，而后为了减低新潜艇的噪声，因此决定采用自然循环核反应堆。基于经济效益，导弹数量由18枚增至24枚。由于这项计划的造价过于庞大，最初曾遭国会反对，不过当苏联在“德尔塔”级潜艇上配置了射程长达6935千米的SS—N—8潜射弹道导弹之后，国会终于批准了这项计划。

虽然已获得国会的批准，不过这项计划在发展之初仍遇到不少困难，因此仍较预定进度落后许多。当困难被一一克服以后，终于产生了一种极为优秀的潜艇与极具威力的导弹。

第一艘“俄亥俄”号（SSBN 736）1981年开始测试工作，1982年1月发射第一枚导弹，并在1982年10月作首次战斗部署。前八艘“俄亥俄”级潜艇在帆罩后方配有24枚三叉戟Ⅰ型导弹，“田纳西”号则改为三叉戟Ⅱ型导弹，这种导弹于1990年3月在“俄亥俄”级潜艇上完成首次战斗巡航，将来前八艘亦将改配三叉戟Ⅱ型导弹。除弹道导弹外，各舰另备有4具传统鱼雷发射管可供自卫。

龙文兵器小百科　潜艇

也称“潜水艇”。能潜入水下进行作战和活动的舰艇。按作战使命可分为战略导弹潜艇和攻击潜艇；按动力可分为核动力潜艇和常规动力潜艇；按排水量可分为大、中、小型和袖珍潜艇。水下排水量数十吨至两万多吨，下潜深度100～900米，水下航速20～42节。主要武器有导弹、鱼雷和水雷。主要任务是攻击大中型舰船，对岸上重要目标实施核突袭，破击海上交通线，以及侦察、反潜、布雷、救援、遣送特种人员、物资登录。潜艇艇体由耐压壳体和非耐压壳体构成。并有专门的水柜，用来排水、注水，产生正负浮力，以便上浮和下潜。

技术性能数据

项目	数据
艇总长	170.7米
艇宽	12.8米
吃水	11.1米
水上排水量	16600吨
水下排水量	18750吨
动力装置	1台通用电气公司的S8G压水反应堆，2台蒸汽轮机
功率	约60000马力
全艇编制	155人（其中军官14或15人）

“前卫”级潜艇

技术性能数据

艇总长	149.9 米
艇宽	12.8 米
吃水	12 米
排水量	15000 吨
水下航速	25 节
动力装置	1 台压水堆和 2 台蒸汽轮机
功率	27500 马力，单轴

“前卫”级是英国新一代核动力弹道导弹潜艇，共建 4 艘。首艇 1993 年服役，目前已服役 3 艘，“前卫”级承担了英国战略核威慑的重任。其艇体结构为单双壳体混合型，有利于降低艇体阻力。此外，还安装了一套辅助推进电机。

“前卫”级潜艇的主要攻击武器是从美国购买的 16 枚三叉戟Ⅱ型潜射弹道导弹，射程 11000 多千米，是英国即将退役的“决心”级上装备北极星导弹射程的 2 倍，使艇的战斗巡逻海域扩大至 5500 万平方海里。

“前卫”级潜艇大量采用美国和英国自产的先进电子设备，包括导弹射击指挥仪、惯性导弹系统、光电潜望镜、综合战术武器系统和 2054 型多功能综合声纳系统等，大大提高了潜艇的作战能力。除了强有力的进攻能力外，“前卫”级还具有较强的自卫能力，在艇首部装有 4 具 533 毫米鱼雷发射管，可发射旗鱼重型鱼雷（航程 65 千米）和虎鱼轻型鱼雷（航程 29 千米），共 16 枚。

← 搭载在“前卫”级潜艇上的“三叉戟”Ⅱ型潜射弹道导弹出水升空。

↓ 航行中的“前卫”级弹道导弹核潜艇

“弗吉尼亚”级潜艇

技术性能数据

艇总长	114.9 米
艇宽	10.4 米
吃水	9.3 米
排水量	7800 吨
航速	34 节
动力装置	核动力，1 座通用电气公司的 PWRS9G 压水堆；2 台汽轮机；1 台辅助推进电机
总功率	40000 马力，单轴
人员编制	100 人

“弗吉尼亚”级潜艇是美国海军建造的最新一级多用途攻击型核潜艇，它将成为美国海军 21 世纪近海作战的主要力量，同时也保留了远洋反潜能力。首艇“弗吉尼亚”号（SSN774）于 1998 年开工建造，2004 年建成服役。

1996 财政年度进一步拨款，并继续到 1998 财政年度，该级艇的第二艘拨款列入 1999 财政年度计划，2001 年启动第三艘，2002 年启动第四艘。首艇计划 1999 年开始在通用动力公司电船部动工建造。

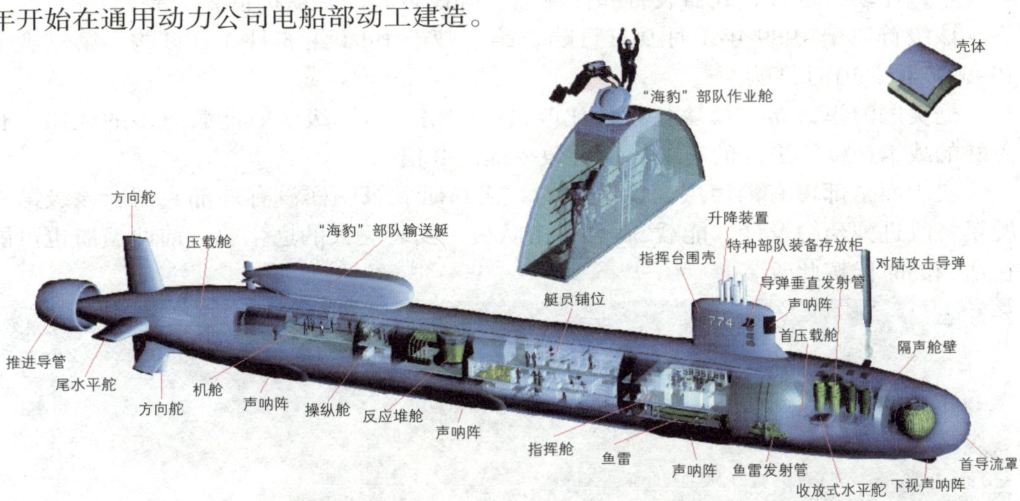

↑ *“弗吉尼亚”级潜艇的各种功能模块*

1997 年 2 月同纽波特纽斯造船公司达成协议联合建造前四艘艇。电船部继续作为首席设计厂，并建造发动机舱模块、指挥控制舱模块和每条艇的 7 个其他分段，而且还是第一艘和第三艘艇的最后总装、试验和交艇厂。纽波特纽斯公司建造指挥台围壳、居住和辅机舱模块以及 6 个其他分段，并作为第二艘和第四艘艇的总装、试验和交艇厂。反应堆舱分别由各负责交付艇厂建造。该级艇根据美海军的需求，最终可能建造 30 艘。

该级艇是安静型潜艇。反应堆活性区寿命与艇同龄。有供 9 名蛙人用的解压室，同时可派出供蛙人用的微型潜艇。该型艇既能在远洋反潜，也能在浅水区作战。

“海狼”级潜艇

技术性能数据

艇总长	107.6米
艇宽	12.9米
吃水	10.9米
排水量	8060吨（水面），9142吨（水下）
航速	39节（水下）
动力装置	1座威斯汀豪斯公司的S6W压水堆；2台汽轮机；1个威斯汀豪斯公司的辅助推进电机
人员编制	134人（其中军官14名）

美国海军为在 20 世纪 90 年代后期和 21 世纪保持其核动力攻击型潜艇的优势，从 20 世纪 80 年代中期就开始研制替代“洛杉矶”级的“海狼”级新式攻击型潜艇，并于 1989 年开始建造首艇，目前在建 2 艘。但由于“海狼”级造价太高，前两艘平均造价 20 多亿美元，因此只被批准建 3 艘。

“海狼”级潜艇将是美国历史上吨位最大的核动力攻击型潜艇。该级潜艇应用最新技术，在动力装置、武器装备和探测器材等设备方面，堪称世界一流。

该级首艇于 1989 年 1 月 9 日订购，第二艘于 1991 年 5 月 3 日订购，第三艘于 1996 年 4 月 30 日订购。

据美国海军宣布，模块化设计比改进的“洛杉矶”级潜艇能载更多的武器、有更好的战术速度、更好的声呐，反潜效率提高 3 倍。

艇表面全部覆有消声层，像改进的“洛杉矶”级一样没有外部武器。该级第三艘艇将改进弹药舱设计，能载 50 名突击队员，安装更大的逃生舱。前两艘艇也可能在适当的时候按此改装。

↑ “海狼”级潜艇指挥台围壳上伸出的一些升降装置。该级潜艇为实现在水下的高速航行，指挥台围壳设计得更加流畅，前缘与艇体采用弧形过渡连接，这在美国以往的核潜艇上是没有的。

"洛杉矶"级潜艇

技术性能数据

艇总长	110.3 米
艇宽	10.1 米
吃水	9.9 米
标准排水量	6082 吨
航速	32 节（水下）
动力装置	1 座通用电气公司的 S6G 压水堆；2 台汽轮机；1 台马格耐特克公司的辅助推进电机
人员编制	133 人（其中军官 13 名）

↑ "洛杉矶"级潜艇剖视图

美国海军在 20 世纪 60 年代末期拟定一项可执行反潜作战的高速攻击潜艇计划，之后发展出一种既精密又昂贵，也极具效能的武器——"洛杉矶"级潜艇，这是美国海军第五代攻击核潜艇，也是世界上建造批量最大的一级核潜艇。

它具有优良的综合性能，主要承担反潜、反舰和对陆攻击等任务。

该级艇在 20 世纪 80 年代后期有各种大的改进和新的设计变更，这些都引起计划的推迟。

→ 从这个角度看，"洛杉矶"级潜艇上的拖曳阵声呐的收放装置（左侧凸出长条物）清晰可见。

“企业”号航空母舰

1954年9月30日，美国海军“鹦鹉螺”号核潜艇建成服役，标志着海军舰艇发展史上一个新时代的到来。其实，美国海军作战部长谢尔曼早在1950年就建议探讨“建造原子动力的航空母舰的可能性”，但后来被核潜艇抢了先。核动力航母的优越性是不言而喻的，1958年2月4日，世界上第一艘核动力航母CVN 65“企业”号在纽波特纽斯船厂开工建造，1960年9月24日下水，1961年11月25日正式服役。

“鹦鹉螺”号核潜艇的问世，极大地推动了世界核潜艇技术的发展。

“企业”号舰体与“小鹰”级基本相同，采用了封闭式飞行甲板，从舰底至飞行甲板形成整体箱形结构，在斜直两段甲板上分别设有2部蒸汽弹射器，斜角甲板上设有4道拦阻索和1道拦阻网，升降机为右舷3部，左舷1部。其机库为封闭式，长223.1米，宽29.3米，高7.6米。飞行甲板为强力甲板，厚达50毫米，在关键部位加装装甲，水下部分的舷侧装甲厚达150毫米，并设有多层防雷隔舱。

“企业”号舰载武器为3座八联装“北约海麻雀”舰空导弹发射架和3座“密集阵”近防系统。

← 世界首艘核动力航空母舰美国海军“企业”号，其上层建筑最短，并且上层建筑已移到主船体外的舷台上，以加大飞行甲板面积。

“企业”号航空母舰在平静的海面上前行。

电子设备为：SPS—49（V）5、SPS—48E（三坐标）对空雷达；SPS—67 对海雷达；6 部 MK—95 火控雷达以及导航、助降雷达等。电子对抗为 SLQ—32 系统和 4 座 MK—36 干扰火箭发射器，另有 SLQ—36 拖曳式诱饵系统。

在漫长的海上生涯中，“企业”号共 4 次更换核燃料：在航行了 20.7 万海里之后，于 1964 年 11 月第一次更换；又航行了 30 万海里之后，于 1969 年 10 月第二次更换；在航行了 50 万海里之后，于 1979 年第三次更换；在 1991 年该舰实行“延长服役期改装计划”时，第四次更换核燃料。

龙文兵器小百科 航空母舰

航空母舰简称“航母”，是以舰载机为主要武器并作为其海上活动基地的大型军舰。

按战斗使命可分为攻击航空母舰、反潜航空母舰和多用途航空母舰；按动力可分为核动力航空母舰和常规动力航空母舰。满载排水量20000～90000吨。最大航速35节。有机库、升降机、飞行甲板、飞机起飞弹射器等特种设施。可携载飞机20～100架。在其他战斗舰艇护航下，能远离海岸机动作战，袭击海上编队和岸上目标，夺取作战海区的制空权和制海权。

→“企业”号航母是世界上第一艘核动力航母，当时单舰造价4.5亿美元。

技术性能数据

项目	数据	项目	数据
舰总长	342.3 米	最高航速	33 节
舰宽	40.5 米	动力装置	8 座西屋公司的 A2W 压水反应堆，驱动 4 台通用电气公司的蒸汽轮机，4 轴 4 桨
吃水	11.9 米		
标准排水量	75700 吨	主机总功率	280000 马力
满载排水量	93970 吨	舰员	3319 人

“小鹰”级航空母舰

技术性能数据

舰总长	323.6 米	最大航速	30 节
舰宽	39.6 米	续航力	12000 海里 /20 节
标准排水量	60100 吨	动力装置	8 台福斯特－韦勒锅炉，4 台威斯汀豪斯公司的汽轮机
满载排水量	81123 吨	总功率	280000 万马力
吃水	11.4 米	飞行甲板	长 318.8 米，宽 76.8 米
舰上载航空燃油	5882 吨		

20 世纪 50 年代，美国建造的“福莱斯特”级航空母舰被称为“超级航空母舰”，但在服役过程中发现了一些不足，于是在 1956 年建造第五艘时，美国海军对其进行了大幅度改进并连续建造了 3 艘，称之为“小鹰”级，它是美国建造的最后一级常规动力航空母舰，也是世界上最大的一级常规动力航母。

← *“小鹰”号上由特种材料建造的紧急着舰阻拦网，其工作环境十分恶劣，承载载荷巨大，要求必须有足够的强度，保证安全。*

↑ *“小鹰”级航空母舰是世界上最大的一级常规动力航母。*

“尼米兹”级航空母舰

技术性能数据

舰总长	932.9米
舰宽	40.8米
吃水	11.3米
满载排水量	91487吨
轻载排水量	729.60吨
飞行甲板长	332.9米
斜角甲板长	237.7米
总宽	76.8米
航速	30节以上
舰员	3464人

“尼米兹”级航空母舰是当今世界海军威力最大的海上巨无霸，是美国海军独家拥有的大型核动力航空母舰，它的巨大威力令任何海上对手望尘莫及。可以说，“尼米兹”级航母是当代航空母舰家族中最具代表性的一员。

“尼米兹”级是美国海军第二代航母，全部由纽波特纽斯船厂建造，迄今已有9艘服役，未来还将有1艘加入这个兴盛的大家族。

由于“尼米兹”级建造时间长达数十年，所以各舰之间有一些差别，仅排水量一项，前三艘“尼米兹”标准排水量为81600吨，满载排水量为91487吨，第四艘“罗斯福”号满载排水量则达到了96386吨，而其后的“林肯”号、“华盛顿”号、“斯坦尼斯”号、“杜鲁门”号、“里根”号满载排水量均已超过100000吨。

此外，随着科技的进步，舰上设备也有很大改变。像“杜鲁门”号就融入了信息技术的最新成果，如大面积使用光纤电缆以提高数据传输数率；布设了IT—21非保密型局域网，将计算机、打印机、复印机、作战兵力战术训练系统、舰艇图片再处理装置、数字化综合印刷及综合数据库等连接为一体，实现了无纸化办公。舰员还配备了数字身份卡，舰载机的起降设备也增设了电视监视系统。

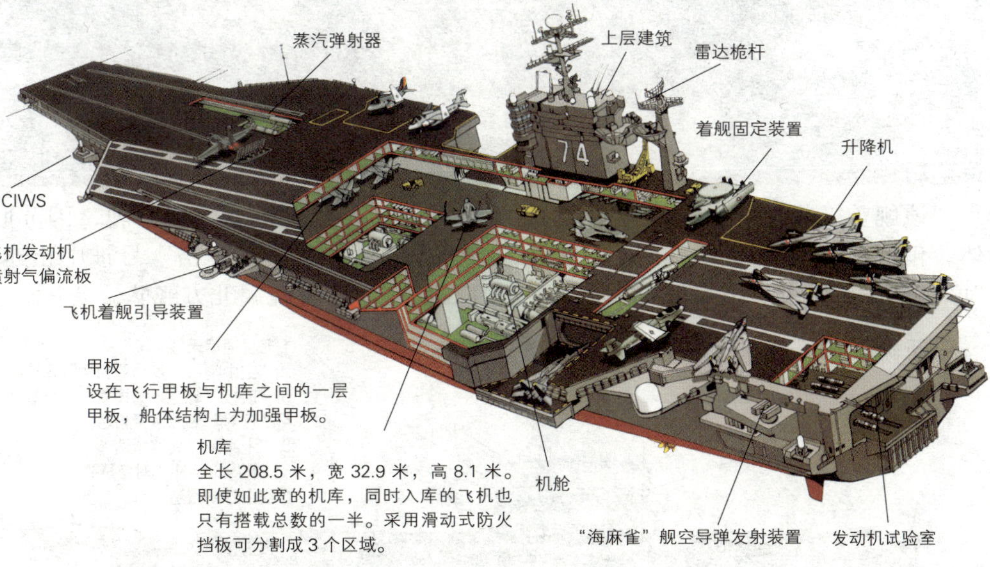

↑美国“尼米兹”级航母剖视图

“库兹涅佐夫”级航空母舰

技术性能数据

舰总长	304.5 米、280 米（水线）	吃水	10.5 米
舰宽	70 米	动力装置	4 台汽轮机
飞行甲板	长 304.5 米、宽 70 米	航速	30 节
标准排水量	45900 吨	续航力	>7000 海里 /18 节
满载排水量	58500 吨	舰员	1960+626（航空人员）+40（旗舰军官）

“库兹涅佐夫”级航空母舰是苏联 / 俄罗斯第三代航空母舰。其主要使命是确保苏联弹道导弹和潜艇的安全和战斗效能的发挥，消灭敌方海上和基地的海军兵力。

该舰的特点是，舰上装有滑橇式飞行甲板，舰上所装备的武器系统齐全，威力强大。首舰“库兹涅佐夫”号于 1983 年开工，1985 年下水，1991 年 1 月 21 日正式服役。

↓“库兹涅佐夫”的滑橇式飞行甲板充满动感。

该舰曾三易舰名，苏联解体后改为现名。该级舰原计划建造 2 艘，因苏联解体，俄罗斯无力建造更多的大型航母，该级舰的后续舰“瓦良格”号被中止建造。“库兹涅佐夫”级航母为俄海军唯一一艘在役航空母舰，配属北方舰队。

↓ “库兹涅佐夫”号航母主要电子设备布置图

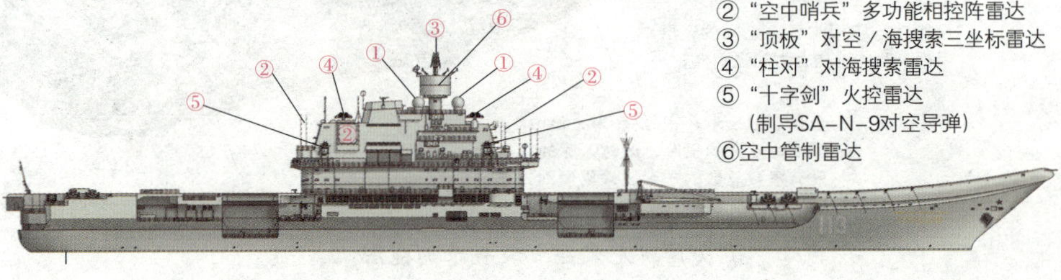

“无敌”级航空母舰

技术性能数据

舰总长	209.1 米
水线长	192.6 米
舰总宽	36 米
水线宽	27.5 米
飞行甲板	长 167.8 米，宽 13.5 米
吃水	8 米
满水排水量	20600 吨
航速	28 节
续航力	7000 海里 /19 节
动力装置	4 台罗尔斯－罗伊斯公司的“奥林普斯”TM 3B 燃气轮机
持续功率	97200 马力
人员编制	685 人

英国“无敌”级航空母舰是一级采用全燃动力的全通甲板航空母舰。是英国海军经过多方努力于 1973 年获得英国政府批准，并于当年 4 月 17 日向英国威克斯船厂订购、1973 年 7 月 20 日开始动工建造的。

英国“无敌”级轻型航空母舰共建造 3 艘，首舰“无敌”号于 1977 年 5 月 3 日建成下水，于 1980 年 7 月 11 日正式进入英国皇家海军服役。其主要使命是反潜，由“海王”反潜直升机承担；在特混编队中作为指挥舰，对编队中的各成员进行协调和指挥。另外该舰还具有一定的反导弹防空能力和区域防空能力，主要由“海标枪”导弹系统和具有战斗和侦察能力的“海鹞”垂直 / 短距起降飞机来实现。

↑ 英国“无敌”级航母在现代化改造中拆除了“海标枪”舰空导弹，以增加舰上空间和甲板面积。

该级舰在设计时就考虑到要在接近舰中线处安装“海标枪”导弹发射装置，因而首楼为露天式，甲板带有轻微角度。1976—1977 年间修改了设计，允许运送海军陆战队突击队员，飞行甲板的前端允许垂直 / 短距起降飞机以更大的起飞质量更有效地起飞作业。

该级舰的作用，除了提供指挥、控制和通信设施这些主要任务外，就是完成直升机和垂直 / 短距起降飞机的搭载和起降作业。需要地面攻击飞机时，可搭载空军的“鹞”GR MD7s 型战斗机。为了能容纳这两种飞机的下一代机型，舰上升降机和机库留有足够的储备。该级舰只有 2 艘在航，第三艘舰处于改装、维修或待命状态。

“戴高乐”级航空母舰

技术性能数据

舰总长	261.5 米	标准排水量	36600 吨
水线长	238 米	吃水	8.5 米
舰总宽	64.4 米	航速	27 节
水线宽	31.5 米	动力装置	2 座 K15 型压水堆；2 台通用电气公司的汽轮机
飞行甲板	长 261.5 米，宽 64.4 米	人员编制	1150 人
满载排水量	40550 吨		

↑“戴高乐”号的作战能力仅次于美国的大型核航母。

自从 20 世纪 60 年代 2 艘“克莱蒙梭”级航母服役之后，法国再无航母服役。至 70 年代，这两艘航母后续舰的问题提上了议事日程。但是，对于具体采用什么类型的航母，法国上下却一直争论不休，先后提出过中型、轻型、常规动力、核动力和垂直起降等各种类型，直至 1980 年 9 月才定下最后方案：建造 2 艘中型核动力航空母舰，这就是“戴高乐”级核动力航母。

首舰“戴高乐”号于 1986 年 2 月 4 日订货，1992 年 12 月 19 日进行水密试验，并于 1993 年 1 月 8 日重新进坞。

该舰安装 2 部 19 米 × 12.5 米的载重能力为 36 吨重的飞机升降机。装有法国电气与电信设备公司的“达拉斯”进场和助降激光系统，其后由 MLS 代替。

装有主动减摇鳍。该舰以 25 节可连续航行 5 年再换核燃料，核反应堆与“胜利”级潜艇相同。该舰在 1999 年进行了海试。

“戴高乐”号的作战能力仅次于美国的大型核航母，在世界海军中排在第二个档次。

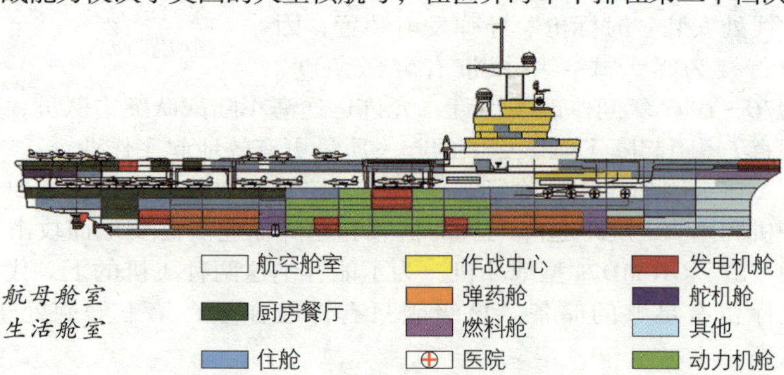

→ 法国“戴高乐”号航母舱室布置图，图中可见生活舱室布置位置。

“迪皮伊·德·洛梅”号电子侦察舰

技术性能数据

舰长	107.75 米
舰宽	15.85 米
满载排水量	3600 吨
最大航速	16 节
舰员	108 人

“迪皮伊·德·洛梅”号是法国新研制的电子侦察舰，2001 年 12 月开始研制，2006 年 3 月正式服役。

舰上安装警报探测系统，配备 2 挺 12.7 毫米 M2HB 勃朗宁重机枪。另外，舰尾平台可载 1 架多用途直升机。

“迪皮伊·德·洛梅”号汇聚了泰利斯公司最新的电子技术，装备的电磁侦察系统可搜集各种电子信号和雷达信号，确保完成复杂的测向和侦听任务。其装置的高性能稳定系统，使它即便在 6 级海况下仍能以 10 节航速巡航，继续执行侦察任务。

“迪皮伊·德·洛梅”号电子侦察舰的另一特点是安装有航行补给甲板和设施，使它一年可在海上执行侦察任务 350 天，是世界侦察舰年值勤时间最长的纪录。

↓“迪皮伊·德·洛梅”号电子侦察舰的舰头

"惠德贝岛"级船坞登陆舰

"惠德贝岛"级船坞登陆舰是美国海军最新的船坞登陆舰，是美国海军登陆舰艇主力之一，首舰"惠德贝岛"号于 1981 年 8 月动工，1985 年 2 月服役。

该级舰的主要任务是在登陆战中运送和投入各种登陆艇（尤其是气垫登陆艇）和车辆，并为登陆艇提供维修服务。

该级舰上层建筑布置在舰的中前部，上层建筑后部留有宽敞的甲板，舰内有较大的装载空间，能装载直升机或垂直/短距起降飞机，登陆部队、坦克。

首舰安装了舰自卫系统（SSDS），该系统能组合和控制传感器（如 SPS49 对空搜索雷达、SLQ32 电子战系统和 SAR-8 红外指挥仪）和武器（如"密集阵"近程武器系统或对空导弹），以缩短该级舰反巡航导弹的反应时间，增强自身的对抗能力。

↑ "惠德贝岛"级船坞登陆舰

技术性能数据

舰长	185.6 米
舰宽	25.6 米
满载排水量	15726 吨
最大航速	22 节

“黄蜂”多级多功能两栖攻击舰

“黄蜂”多级多功能两栖攻击舰是目前世界上最先进的两栖攻击舰之一。该级舰共建造了 7 艘，1989 年首舰建成并服役，2000 年全部完工。

“黄蜂”多级多功能两栖攻击舰武器系统十分先进。装备有“密集阵”近程防御系统和“海麻雀”舰空导弹，此外还有作战指挥、登陆作战指挥系统和电子干扰系统。

除可以运载气垫登陆艇 3 艘外，CH–46E 型“海骑士”直升机 42 架，“鹞”式垂直 / 短距起降飞机 8 架，还可运载 1870 名登陆兵。

↑“黄蜂”两栖攻击舰

技术性能数据

舰长	257.3 米
舰宽	42.7 米
满载排水量	40532 吨
最大航速	22 节

↓多级多功能的“黄蜂”

“蓝岭”级指挥舰

↑“蓝岭”级指挥舰是目前世界上唯一一级两栖作战专用指挥舰。

技术性能数据

项目	数据
舰长	193.2 米
舰宽	25 米
满载排水量	18372 吨
最大航速	23 节
动力装置	2 台福斯特·韦勒锅炉，1 台蒸汽轮机
功率	22000 马力，单轴

“蓝岭”级指挥舰是目前世界上唯一一级两栖作战专用指挥舰，可装载登陆艇 6 艘、多用途直升机 1 架，还可运载 800 名两栖陆战队员。

作为一级指挥舰，“蓝岭”级最有特色的就是舰上配备了种类齐全、品种繁多的各式雷达，主要有 1 部 SLQ-25“水精”鱼雷诱饵；1 部 SPS-48C 型三坐标对空搜索雷达；1 部 SPS-40C 对空搜索雷达；1 部 SPS-65（V）1 型对海搜索雷达；1 部 MK32TAS 型对海搜索雷达；1 部 LN-66 型导航雷达；1 部 SPS-64（V）9 型导航雷达；2 部 MK51 型火控雷达。

“蓝岭”级是美国于 20 世纪 60 年代末建造的。该级舰共建造 2 艘，分别在美国海军大西洋舰队和太平洋舰队服役。

“蓝岭”级两栖指挥舰共有 2 艘，分别为“蓝岭”号和“惠特尼山”号，供两栖指挥用。在海湾战争中，“蓝岭”号是多国部队海军的指挥舰。

↓“蓝岭”级指挥舰编队

12650型“宝石”基地扫雷舰

技术性能数据

舰长	50米	吃水	2米
舰宽	9米	最大航速	14节
标准排水量	430吨	续航时间	15天
最大排水量	460吨	乘员	45人

12650型“宝石”基地扫雷舰由俄罗斯卡累利阿共和国“先锋”造船股份公司制造。

12650型“宝石”基地扫雷舰采用柴油动力装置，装备接触式、拖曳式扫雷具、各种电磁扫雷具、声呐扫雷具、水下电视水雷搜索仪等扫雷设备，声呐雷达、水下声音通信及水雷辨别声呐雷达、导航雷达等无线电电子设备。主要防护火力装备是2门30毫米自行火炮。

该舰的主要任务是寻找、辨别、摧毁港湾、航线及近海水域内的各种沉底水雷、锚雷、漂雷，保护潜艇、水面舰艇和各种辅助船只出海及返航安全。

↑ 12650型“宝石”基地扫雷舰

↑ “先锋”造船股份公司展览大厅

↑ 港口中的基地扫雷舰

龙文兵器小百科 扫雷舰艇

搜索和排除水雷的舰艇。包括扫雷舰、扫雷艇和扫雷母舰。满载排水量数十吨至1000吨。最大航速10～20节。装备有接触、电磁、音响等多种扫雷具和导航设备、自卫舰炮等。主要任务是扫除水雷，开辟雷区航道，保障舰船航行安全。

第4章 铁翼军机

衡量武器装备的优劣，打击力是首当其冲的要素。空军武器装备以作战范围大、突击猛烈而著称。现代战争正以惊人的速度向信息化迈进，而拥有信息化武器装备的空军在现代战争中的作用举足轻重。现代空军的主战武器包括：战斗机、轰炸机、直升机等。

F-16“战隼”轻型战斗机

技术性能数据

项目	数据	项目	数据
翼展	9.45 米	最大挂载能力	6800 千克
全长	15.09 米	发动机	F100-PW-200 型涡轮风扇发动机 1 具
高度	5.09 米	最大平飞速度	2.0 马赫数
空重	7070 千克	最大爬升率	15240 米 / 分
最大起飞重量	16057 千克	升限	15240 米
内载燃油量	3160 千克	最大航程	3890 千米

F-16“战隼”轻型战斗机是美军主力轻型战斗机。1972 年 1 月，美国空军正式提出“轻型战斗机原型机计划”，目的是发展和验证可在轻型战斗机上采用的新技术，并没打算真的搞一个投产型号。4 个月后，就从 5 家参加投标的公司中选定通用动力公司的 401 和诺斯罗普公司的 P.600 两个方案，并签订合同，要求两家公司各制造 2 架原型机进行试飞竞争。通用动力公司的 401 方案军用编号为 YF-16；诺斯罗普公司的 P.600 军用编号为 YF-17，原型机制成以后，经过一年时间的竞争试飞。

第一架 YF-16 原型机于 1973 年 12 月出厂，1974 年 2 月首次试飞。F-16 生产型于 1976 年 12 月首飞，1978 年底开始装备美国空军。现已成为美国空军的主力战机之一。

国外用户包括比利时、丹麦、荷兰、挪威、以色列、埃及、希腊、土耳其、巴基斯坦、韩国、泰国、新加坡等国家，而中国台湾省也有订购。难怪 F-16 有“国际战斗机”之誉。

龙文兵器小百科 战斗机

即“歼击机”，旧称“驱逐机”。主要用以歼灭空中飞机和巡航导弹的飞机。是航空兵进行空战的主要机种，也可用于对地攻击。现代歼击机多为单座，装1～2台喷气式发动机，有火控系统、电子对抗系统和其他自动化电子设备。机载武器有航炮、空空导弹、火箭弹和炸弹等。主要特点是机动性能好、速度大、上升快、空战火力强。现代歼击机的最大飞行速度大约为2马赫数，实用升限约20000米，带副油箱时的最大航程达4000千米。

↑ F-16“战隼”轻型战斗机

F-15 "鹰"战斗机

↑空中比翼的 F-15"鹰"战斗机

F-15"鹰"战斗机是全天候、高机动性的战术战斗机。针对获得与维持空中优势而设计的它，是美国空军现役的主力战机之一。F-15是由1962年展开的F-X（Fighter-Experimental）计划发展出来，1969年由麦克唐纳·道格拉斯公司得标，1972年7月首次试飞，1974年交付美国空军使用，直到现在。在战机世代上，它被归为第三代战斗机（这是西方标准，俄罗斯标准则列为第四代），与F-16，美国海军的F-14、F/A-18，欧洲的狂风、"幻影"2000等是同一时代。

↑全天候、高机动性的战术战斗机

技术性能数据

翼展	13.05 米
机长	19.43 米
机高	5.63 米
机翼面积	56.5 平方米
主轮距	2.75 米
前主轮距	5.42 米
空机重量	12973 千克
机内	6103 千克
外挂（2 个保形油箱，3 个副油箱）	9818 千克
最大外挂武器载荷	10705 千克
最大翼载	5.36 千牛 / 平方米
最大平飞速度	2.5 马赫数
实用升限	18300 米
进场速度	232 千米 / 时
起飞滑跑距离（截击）	274 米

F/A-22“猛禽”战斗机

F/A-22 是美国空军研制的新一代战斗机，也是目前唯一面世的第四代战斗机，成为 21 世纪初的主战机种。它的任务包括：夺取制空权，为美军作战提供空中优势，在战区空域有效实施精确打击；防空火力压制和封锁、纵深遮断，近距空中支援。

与第三代战斗机相比，F/A-22 最具里程碑意义的技术特性是：采用全隐身与气动综合布局、持续的超声速巡航能力、过失速机动、短距起降、先进的机载设备和火控系统与综合航空电子系统。

↑↓21 世纪初的主战机种 F/A-22

技术性能数据

机长	18.9 米
机高	5.08 米
翼展	13.56 米
展弦比	2.4
机翼面积	78.0 平方米
武器舱离地间隙	0.94 米
前后轮距	6.04 米
重量及载荷（估计值）	
设计空重	14365 千克
最大载油量	6804 千克
最大有效载重	11340 千克
设计起飞重量（典型空战任务）	27216 千克
最大无加力巡航速度	1.6 马赫数
最大俯冲速度	2.5 马赫数
起飞滑跑距离	610 米
着陆滑跑距离	914 米
作战半径	2177 千米
最大转场航程	4840 千米
限制过载	+9g

F-14 “雄猫”战斗机

↑ F-14“雄猫”战斗机“解剖”示意图

F-14“雄猫”（Tom cat）是美国根据美国海军20世纪70年代到80年代舰队防空和护航的要求，由格鲁门公司研制的双座超声速多用途舰载战斗机，主要装备于美国海军，是美国海军的主力战斗机之一。

该飞机主要执行海上防御、截击、打击和侦察等任务。F-14战斗机于1972年正式进入美国海军序列服役。1987年，F-14B正式投产，这种飞机装备了改进的发动机。1988年，该机在雷达、航空电子设备和导弹挂载能力等设备上进行了一系列的升级，定名为F-14D“超级雄猫”。目前，美军拥有的各型号F-14战斗机338架均已退役。

技术性能数据

翼展（后掠角20°，68°，75°）	19.54米，11.65米，10.15米
机长	19.10米
机高	4.88米
机翼后掠角（最小，最大，停机）	20°，68°，75°
水平尾翼翼展	9.97米
垂直尾翼翼尖间距	3.25米
主轮距	5.00米
前主轮距	7.02米
机翼面积	52.49平方米
重量载荷	
正常起飞重量（带4枚“麻雀”导弹）	27086千克
正常起飞重量（带6枚“不死鸟”导弹）	32098千克
无外挂起飞重量	26632千克
最大起飞重量	33724千克
设计着陆重量	23510千克
空机重量	18191千克
可用燃油重量	
内部油箱	7348千克
副油箱	1638千克
最大外挂武器载荷	6577千克
巡逻速度	741～1019千米/时
着舰进场速度	248千米/时
失速速度	213千米/时
最大爬升率（海平面）	>152米/秒
实用升限	>15240米
最小起飞距离	427米
最小着陆距离	884米
最大航程（带副油箱）	约3220千米

F/A-18“大黄蜂”战斗机

F/A-18“大黄蜂”战斗机是美国海军在20世纪70年代中期设计的用于取代当时海军的主力机种F-4“鬼怪”和A-7“海盗”的。当时计划制造两种型号（F-18，为战斗机；A-18，为攻击机），由于二者是在同一原型机的基础上发展起来的，即一机两型，机体完全一样，只是在武器装备上有所差别，所以统称F/A-18，绰号也一样叫“大黄蜂”。1978年11月18日，第一架YF-18原型机正式试飞。

美国海军和陆战队共采购了410架F/A-18，包括单座的F/A-18A和串列双座的F/A-18B。

目前正在生产的为单座的F/A-18C和双座的F/A-18D。

“大黄蜂”的设计是如此成功，它不但被卖到澳大利亚、加拿大、芬兰、科威特、西班牙和瑞典等许多国家，而且美国海军还在其基础上重新设计了F/A-18E/F作为21世纪海军战斗机的主力。

→晨光中F/A-18战斗机的身影

技术性能数据

翼展	11.43米
（翼尖带导弹）	12.31米
（机翼折叠）	8.38米
展弦比	3.5
机长	17.07米
机高	4.66米
机翼面积	37.16平方米
尾翼展长	6.58米
空重	10455千克
内部	4926千克
外挂	3053千克
空战任务	16651千克
对地攻击任务	23541千克
最大平飞速度	1.8马赫数
最大速度（中等推力）	1.0马赫数
进场速度	248千米/时
实用升限	15240米
起飞滑跑距离	427米
转场航程（不空中加油）	3706千米
对地攻击任务	1065千米
空战任务	740千米

A-10“雷电”战斗机

技术性能数据

翼展	17.53 米	重量及载荷	
机长	16.26 米	出厂空重	9771 千克
机高	4.47 米	最大起飞重量	22680 千克
机翼面积	47.01 平方米	正常起飞重量	20032 千克
展弦比	6.54	限制飞行速度	834 千米 / 时
主轮距	5.25 米	巡航速度	623 千米 / 时

↑ A-10“雷电”战斗机

A-10 是美国费尔柴尔德公司研制的单座双发近距空中支援攻击机。1966 年，美国根据越南战争的教训，提出了研制新型单座近距支援攻击机以取代螺旋桨式攻击机 A-1 的计划，即 A-X 计划。

1967 年 4 月美国空军提出招标，1970 年 3 月选定诺斯罗普公司和费尔柴尔德公司各制造 2 架原型机，诺斯罗普公司的设计称 A-10。

1972 年 5 月 10 日，A-10 首次试飞。1972 年 10~12 月，两种原型机进行了 284 个飞行小时的全面对比鉴定试飞。1973 年 1 月，美国空军宣布 A-10 获胜。

海湾战争中，有 120 架 A-10 参加了战斗，取得了很好的战绩。

↑ 单座双发近距空中支援攻击机——A-10

F-117战斗机

技术性能数据

翼展	13.20 米
机长	20.08 米
机高	3.78 米
机翼面积	105.90 平方米
重量及载荷	
空机重量	13381 千克
内部武器重量	2268 千克
最大起飞重量	23814 千克
正常最大使用速度	0.9 马赫数
作战半径（不空中加油，载弹 2268 千克）	1112 千米
限制过载	+6g

F-117 是美国洛克希德公司研制的隐身战斗机，它具有很好的雷达、红外和目视隐身能力，除主要用于压制敌方防空系统，摧毁严密设防的指挥所、战略要地、核生化中心、重要工业目标外，还可执行侦察任务，并具有一定的空战能力。

1975 年，美国国防高级计划研究局要求诺斯罗普和通用动力公司对一种轻型隐身战斗机验证机计划投标，该计划被称为“哈维”计划。然而未被邀请的洛克希德公司“臭鼬”工程队却主动提出了一个投标方案，并在 1976 年战胜了所有的对手中标，赢得了这项价值 4500 万美元的合同。

↓ F-117 座舱盖为整体式，镶有 5 块透明平板，其上都有金属镀膜，可防止雷达波进入座舱内。

F-117 的主要型别如下：

“海弗蓝”隐身技术验证机，F-117 的前身，共生产了 6 架，其中 2 架在试飞中坠毁。

F-117A，F-117 的生产型，1982—1990 年交付部队，共生产了 59 架，其中 4 架已经坠毁。

1977 年 12 月，“海弗蓝”在美国格鲁姆莱克空军基地首飞。共生产了 6 架 XST 技术验证机，其中 2 架分别于 1978 年 5 月 4 日和 1980 年坠毁，但飞行员都得以生还。1978 年美国空军制订了“大趋势”研制计划，开始研制实用的 F-117A。1982 年 8 月 23 日，F-117A 首次交付美国空军，到 1990 年 F-117A 停产时，洛克希德公司共向美国空军交付了 57 架这种飞机。

米格-29“支点”战斗机

↓同时具有优秀的格斗能力和对地攻击能力的米格 –29

米格 –29（英文写成 MiG–29）是俄罗斯米高扬 – 古列维奇实验设计局研制的单座双发高机动性制空战斗机。预生产型飞机于 1979 年 10 月首飞，1982 年投入批生产，1983 年开始装备部队。

米格 –29 战斗机的基本作战任务是，能在任意气象条件下和苛刻的电子干扰环境中、在全高度范围和以各种飞行剖面摧毁距其 200~60000 米范围内的空中目标。所以它最适合于空中优势和近距机动空战；其后期的一些型号也可以进行对地攻击和进行近距空中支援，对付地面上的活动或固定目标。1978 年美国的卫星曾从试习基地拍摄到该机的照片，北约一度称之为“拉明”L。后来北约给予的正式绰号是“支点”。

米格 –29 是与苏 –27 平行研制的，当时规划这两种战斗机将构成一个新的战术航空系统。该系统的任务是确保空中优势并承担所有前线作战任务，包括对地攻击。原设想苏 –27 重型战斗机在系统中是能满足各种要求的主力机种，而轻型战斗机米格 –29 则是作为补充的辅助性机种，但是进入设计阶段后，米高扬设计局力求使米格 –29 多承担任务。因此，到 1971 年该机已成为一种“微型”前线战斗机。也就是说，米格 –29 同时具有优秀的格斗能力和对地攻击能力，可以单独自主地用于作战，只是作战半径有限。

技术性能数据

翼展	11.36 米
翼弦（中心线处）	5.60 米
机长（含空速管）	17.32 米
机高	4.73 米
平尾翼展	7.78 米
机翼面积	38.0 平方米
主轮距	3.10 米
前主轮距	3.67 米
使用空重	10900 千克
正常起飞重量（截击任务）	15240 千克
最大起飞重量	18500 千克
最大武器载荷	3000 千克
最大翼载	4.77 千牛 / 平方米
最大推力载荷	113.6 千克 / 千牛
最大平飞速度（高空）	2.3 马赫数
（海平面）	1.06 马赫数
（带 2 枚红外导弹，50% 机内燃油，最大加力推力）	2.0 马赫数
（M 型，高空）	2.2 马赫数
海平面最大爬升率	330 米 / 秒
实用升限	18000 米
起飞滑跑距离	260 米
起飞速度	220 千米 / 时
着陆滑跑距离（带减速伞）	600 米
着陆速度	235 千米 / 时
作战半径	
（带 2 枚近距及 2 枚中距空空导弹 1 个 1268 升副油箱，执行空战任务）	574 千米
（带 2 枚空空导弹，2 颗常规炸弹 1 个 1268 升副油箱，执行对地攻击任务）	555 千米
航程（机内最大燃油）	1500 千米
（M 型，条件同上）	2000 千米
（带 3 个副油箱）	2900 千米
（M 型，条件同上）	3200 千米
限制过载（速度 0.85 马赫数）	+7g
（速度小于 0.85 马赫数）	+9g

苏-27战斗机

↑苏 -27 是单座双发全天候重型制空战斗机

苏 -27 是俄罗斯苏霍伊设计局研制的，1969 年开始研制，共制造了 12 架代号为 T-10 的原型机，1977 年 5 月 20 日首飞成功，1981 年 4 月生产型首次试飞，1984 年进入部队服役。截止到 1992 年独联体已装备 300 多架。

苏 -27 的研制周期较长，前后历经 15 年。该机的作战效能和所采用的电子、工艺、技术均优于同期发展的米格 -29，北约给予它的绰号为“侧卫”。

↓大边条、大迎角让苏 -27 的操纵性和稳定性都得到提高。

苏 -27 的主要任务是国土防空、为深入敌后进行攻击 / 轰炸的飞机护航、海上巡逻和拦截。它的续航时间达 5 小时，可以在远离海岸线处截击入侵的轰炸机。苏 -27 采用翼身融合机体，作为前缘边条的整流段，使前机身侧面与外翼段融成一个完整的升力面。巡航或高速飞行时，由外段机翼提供升力，在近距格斗时充分利用边条涡提供高机动升力。

苏 -27 大量采用了钛合金，机体可承受 +9g 的过载，还特别重视加工精度和光洁度。苏 -27 优异的飞行性能典型地体现在“普加切夫眼镜蛇”动作中，飞机在逆角 110° ~120° 时，仍保持平稳和可恢复状态，无任何横向发散迹象；其平尾在 110° 迎角时仍有效，操纵权限完全依靠平尾的操纵。

技术性能数据

项目	数据	项目	数据
翼展	14.7 米	最大起飞重量	30000 千克
机长（不含空速管）	21.93 米	机内载油量	9400 千克
机高	5.93 米	最大武器载重	6000 千克
机翼面积	62.0 平方米	最大平飞速度（高空）	2.36 马赫数
机身最大宽度	1.50 米	（海平面）	1.14 马赫数
平尾翼展	9.90 米	实用升限	18500 米
垂尾间距	4.30 米	滚转率	约 270 度 / 秒
主轮距	4.33 米	起飞滑跑距离	650 米
前主轮距	5.88 米	着陆滑跑距离	620 米
重量及载荷		作战半径	1500 千米
空重	16000 千克	最大航程	3900 千米
正常起飞重量	22500 千克	限制过载	+9g

JAS.39“鹰狮”战斗机

JAS.39“鹰狮”战斗机是瑞典航空航天工业集团 SAAB 公司研制的新一代战斗机，有单座的 JAS.39A 和双座教练型 JAS .39B 两种型种。

JAS.39A 的原型机于 1988 年 12 月 9 日首次试飞，生产型飞机于 1993 年 3 月 4 日首飞。1993—2002 年，向瑞典空军交付 140 架“鹰狮”战斗机，1995 年开始取代现役的 JA-37“雷”式战斗机。1997 年第三批生产型“鹰狮”向瑞典空军交付，1998 年开始取代 JA-37“雷”式战斗机。“鹰狮”的潜在用户有芬兰等国。

从 JAS 字义上不难了解到，“鹰狮”是一种“截击战斗 / 对地攻击 / 侦察”的多用途飞机。它已成为 20 世纪末“雷”式飞机的接替者，有“北欧守护神”之称。

技术性能数据

机长	
JAS.39A	14.10 米
JAS.39B	14.755 米
机高	4.50 米
翼展	8.40 米
机翼面积	25.10 平方米
主轮距	2.40 米
前后轮距	
JAS.39A	5.20 米
JAS.39B	5.90 米
重量及载荷	
JAS.39A	6622 千克
JAS.39B	8000 千克
内部燃油重量	2268 千克
起飞重量（无外挂）	>8500 千克
最大起飞重量（有外挂）	>13000 千克
最大平飞速度（在所有高度上都超过声速）	
海平面	1.2 马赫数
高空	2.0 马赫数
起飞着陆距离（简易跑道）	>800 米
作战半径	>800 千米
限制过载	+9g

EF2000“台风”战斗机

EF2000是欧洲战斗机公司（英、德、意和西班牙4国合作）研制的新型单座双发超声速战斗机，前身是EFA验证机，主要用于防空和空中优势任务，兼具对地攻击能力。在EF2000之前，由多个国家共同研制的飞机就不多，像战斗机这样关系到国家安全大事的合作项目更是少之又少，因此EF2000可谓开创了军事工业领域的一个新景象。

↑先进的EF2000“台风”战斗机

当然，这与欧洲政治经济一体化的大背景是很有关系的；而另外一个不太好听的原因就是，欧洲各国科技、经济实力都无法与美国、俄罗斯相比，因此必须联合在一起，才有足够的力量研制一种先进的战斗机。

↑腾空而起的双发超声速战斗机——EF2000

技术性能数据

机长	15.96米
机高	5.28米
翼展（含翼尖电子对抗吊舱）	10.95米
展弦比	2.4
机翼面积	50.00平方米
前翼面积	2.4平方米
空重	10000千克
内部载油量	>4500千克
正常	6500千克
超载	8000千克
最大起飞重量	
正常	21000千克

超载	23000千克
最大平飞速度	2.0马赫数
爬升到10670米高空所需时间(1.5马赫数)	约2分30秒
跑道长度	700米
作战半径	300米
对地攻击，低－低－低	601千米
对地攻击，高－低－高（带3枚激光制导炸弹，瞄准吊舱和7枚空空导弹）	1389千米
防空，3小时的空中巡逻	185千米
防空，10分钟盘旋	1389千米
限制过载（满油，带2枚AIM-120导弹）	+9g

“鹞”式战斗机

技术性能数据

翼展 FRS.Mk	7.70 米
FRS.Mk2	8.31 米
机长 FRS.Mk1	14.50 米
FRS.Mk2	14.17 米
重量及载荷	
使用空重（FRS.Mk1）	6374 千克
最大载油量（FRS.Mk1）	
内部	2295 千克
外部	2404 千克
最大武器载重（FRS.Mk1）	
短距起飞	3630 千克
垂直起飞	2270 千克
最大起飞重量（FRS.Mk1）	11880 千克
最大平飞速度（高空）	1.25 马赫数
（低空）	1185 千米 / 时
短距起飞滑跑距离	
（最大起飞重量，不带斜曲面跃飞）	约 305 米
反应时间（从得到警报至飞到 55 千米外的作战地区）	<6 分钟
作战半径	
空中截击（高空，作战 3 分钟）	750 千米
对面攻击（低空，以 0.8 马赫数进入攻击，发射导弹）	463 千米

“鹞”式战斗机是世界上第一种实用的固定翼垂直 / 短距起落飞机，其主要任务是近距空中支援和战术侦察，也可用于空战。

“鹞”式战斗机是英国前霍克·西德利公司（现已并入英国航宇公司）在英、德联合研制的 P.1127“茶隼”垂直 /短距起落战斗机的基础上单独研制的一种亚声速单座垂直 /短距起落战斗机，并重新命名“鹞”式（最初曾译为“猎兔狗”）。

↑ “鹞”式战斗机

该机是一种为低空对地攻击使用而设计的亚声速单座垂直 /短距起落攻击机。装备 1 台推力为 84.5 千牛的“飞马”101 发动机。6 架原型机中的第一架（XV276）于 1966 年 8 月 31 日首次试飞，第一架生产型飞机于 1967 年 12 月 28 日试飞。鉴于“鹞”式飞机独特的短距起降功能，把它改型为舰载机真是再合适不过了。海军舰载型被称为“海鹞”。“海鹞”式飞机在马岛战争期间曾大显身手，在整个马岛战争中，“海鹞”式飞机出动达 1500 多架次，空战成绩更是惊人——23：0！

“幻影”2000战斗机

“幻影”2000是法国在ACF计划中止之后着手研制的单座、单发轻型超声速战斗机。

1975年12月，法国空军正式宣布选用“幻影”2000作为20世纪80年代中期以后的主力战斗机，第一架原型机于1977年年底出厂，1978年3月首飞。生产型飞机于1983年开始交付，1984年形成初步作战能力（装备了第一个作战中队）。

截止到1995年年底，已有“幻影”2000C/B、E/D、N、和“幻影”2000-5等5种型号，订货数达550架，1995年初已交付400架以上。

“幻影”战斗机，可称得上是一种“名牌”战斗机。从目前国外战斗机的研制和销售来看，真正能与美国和俄罗斯战斗机抗衡的也就数“幻影”飞机了。从20世纪60年代初“幻影”Ⅲ装备部队以来，“幻影”系列飞机牢牢地占领了世界战斗机市场。它不仅是法国航空兵的主力战斗机，而且已成为不少第三世界国家空军的主力机种。它的改进速度迅速而型号繁多，形成了一个“幻影”飞机系列。国外有人用“幻影时代”来形容“幻影”系列战斗机发展的盛况。

“幻影”2000是“幻影”系列中最新的一种战斗机，也是目前第三代战斗机中唯一采用不带前翼的无尾三角翼布局的飞机。虽然它至今还没有赫赫战绩，在海湾战争中也不像F-15、F-16那样引人注目，但从其性能水平和作战效能来看，确是一种研制得相当成功的好飞机。

现在，法国军方已决定选用“阵风”战斗机作为新一代战斗机，“幻影”系列的发展也行将终结，但是“幻影”2000飞机的改进型至少会用到2010年。

↓名牌战斗机“幻影”2000

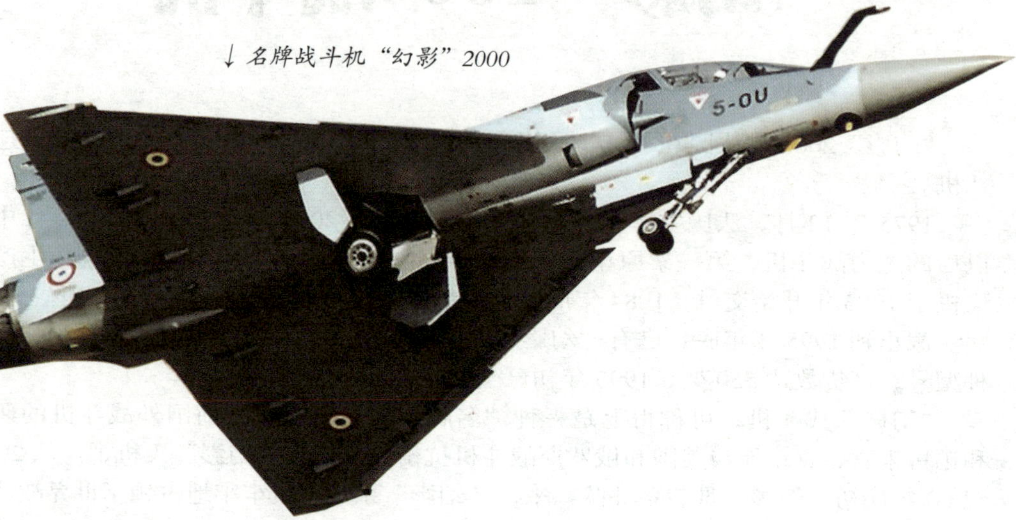

技术性能数据

机长	
C、E 型	14.36 米
-5 型	14.65 米
B、N 型	14.45 米
机高	
C、E、-5 型	5.20 米
B、N、D、S 型	5.15 米
翼展	9.13 米
机翼前缘后掠角	58°
机翼展弦比	2.03
机翼面积	41.00 平方米
主轮距	3.40 米
前后轮距	5.00 米
重量及载荷	
空重	
C、E、-5 型	7500 千克
B、N、D、S 型	7600 千克
最大载油量	
C、-5 型	3160 千克
B、N、D、S 型	3095 千克
最大外挂油量	
B、C、E、-5 型	3715 千克
N、D、S 型	3751 千克
最大外挂载荷	6300 千克

起飞重量（无外挂）	
C、E、-5 型	10860 千克
B、N、D、S 型	10960 千克
最大起飞重量	17000 千克
最大着陆重量	16700 千克
翼载荷	220 千克/平方米
机内剩油 10%着陆时	175 千克/平方米
最大翼载荷（C、B）	414.63 千克/平方米
最大平飞速度	>2.2 马赫数
海平面	1.2 马赫数
最大持续速度（C、E 型）	2.2 马赫数
N、D、S 型	1.4 马赫数
最大速度（低空，不开加力，带 8 颗 250 千克炸弹和两枚“魔术”导弹	>1110 千米/时
稳定飞行最小速度	185 千米/时
海平面最大爬升率	284.3 米/秒
爬升时间（2 马赫数，到 15000 米）	4 分钟
实用升限	
C 型	16460 米
-5 型	18290 米
攻击，低－低－低	625 千米
带 1 个 1300 升和两个 1700 升副油箱	3333 千米
转场航程	3900 千米
限制过载	+9g

B-1轰炸机

B-1 是美国罗克韦尔国际公司于 20 世纪 70 年代研制的可变后掠翼超声速战略轰炸机，它的设计源于 20 世纪 60 年代美国提出“先进有人驾驶战略飞机”计划（AMSA）。1969 年开始正式开发，原型机试飞于 1974 年 12 月 23 日。1986 年 6 月开始装备美国空军。

在美军的三种现役战略轰炸机中，超声速喷气式轰炸机 B-1B 的实战能力总令人觉得是个谜。

海湾战争期间，尽管 B-1B 早已装备美国空军，却始终未派上战场；1996 年的“沙漠惊雷”行动，美军将 B-1B 派驻海湾地区，但没参战。2004 年 11 月中旬，美国狠炸伊拉克一回，集结在海湾的空中力量就包括 6 架 B-1B，最终还是没炸成。12 月，B-1B 终于在美国对伊拉克新一轮的空袭中亮相了。

美国军方一直认为 B-1B 是目前世界上威力最强大的战略轰炸机，因为在各国现役的战略轰炸机中，B-1B 的航速、航程、有效载荷和爬升性能等各种技术指标都有较大的优势。

龙文兵器小百科 轰炸机

专门用于对地面、水面和水下目标实施轰炸的飞机。具有突击力强、航程远等特点，是航空兵实施空中突袭的主要机种。装2~8台发动机，有导航、轰炸等设备，可携载常规炸弹、核弹、鱼雷、空地导弹、空舰导弹等，并装有航炮。按遂行任务的范围可分为战术轰炸机和战略轰炸机；按载弹量可分为轻型、中型和重型；按航程可分为近程、中程和远程。现代轰炸机的最大飞行速度达马赫数2左右，实用升限多在16000米以下，最大航程可达16000千米左右。

技术性能数据

机长	44.80 米
机高	10.36 米
翼展	
全展开	41.76 米
全后掠	26.51 米
机翼后掠角	15°~59.5°
机翼面积	181.20 平方米
主轮距	4.42 米
前后轮距	17.53 米
重量及载荷	
空重	83621 千克
最大有效载荷	56699 千克
载弹量	
内部	34019 千克
外部	26762 千克
最大载油量	88450 千克
设计最大起飞重量	216366 千克
最大平飞速度	1.25 马赫数
突防速度（高度 61 米）	965 千米 / 时
巡航速度	0.7 马赫数
起飞滑跑距离	2530 米
航程	12000 千米

B-2“幽灵”轰炸机

技数性能数据

机长	21.03 米	最大内部载油量	81650~90720 千克
机高	5.18 米	典型起飞重量	152635 千克
翼展	52.43 米	最大翼载	3.83 千牛 / 平方米
后掠角	33°	进场速度	259 千米 / 时
投影面积	490 平方米	实用升限	15240 米
主轮距	12.20 米	作战航程	（带 8 枚 SRAM，8 颗 B83 炸弹，武器重 16919 千克）
重量和载荷			
空重	69717 千克	高－高－高	11675 千米
有效载荷	18144 千克	高－低－高	8339 千米

B-2“幽灵”是美国空军重型隐身轰炸机，它能从美国本土或前沿基地起飞，在无需支援飞机护航的情况下，穿透敌复杂的防空系统，攻击高价值、强防御、最急迫的目标。它是美国空军在 21 世纪的一支有效的威慑和作战力量。目前 B-2 只有 B-2A 型。

美国诺斯罗普·格鲁门军用飞机系统部是 B-2 轰炸机的主要承包商，负责飞机全部系统设计和合成。波音公司、防卫空间集团、通用电气公司及 LTV 公司也参与了飞机各类部件和训练设备的研制。

由于 B-2 的先进性、保密性和可维护性的缘故，加上产量少、通货膨胀，B-2 的造价是昂贵的。1995 年，根据美国空军与诺斯罗普公司的合同规定，厂家以每年 3 架的生产速度制造出 20 架 B-2A，每架飞机约合 6 亿美元。最终加上研制费用，购买 1 架 B-2A 的费用超过 20 亿美元。

B-2 从 1978 年开始研制，首架飞机于 1989 年 7 月首飞，第一架 B-2 轰炸机“密苏里幽灵”号于 1993 年 12 月交付。美国空军目前共装备 21 架。

← B-2“幽灵”轰炸机

B-5轰炸机

技术性能数据

翼展	21.45 米
机长	16.77 米
机高	6.20 米
机翼面积	60.8 平方米
主轮距	7.4 米
前主轮距	6.67 米
重量及载荷	
空重	12890 千克
正常起飞重量	18400 千克
最大起飞重量	21200 千克

机内载油量	3800 千克
最大平飞速度（高度 4500 米）	902 千米 / 时
巡航速度（高度 5000 米）	696 千米 / 时
（高度 10000 米）	558 千米 / 时
实用升限	12500 米
最大航程	2400 千米
起飞滑跑距离	980 米
着陆滑跑距离	930 米
炸弹舱在机身中部，正常载弹量	1000 千克
最大载弹量	3000 千克

↓ 停放的 B-5 轰炸机

B-5 是中国哈尔滨飞机制造公司参照苏联的轻型轰炸机伊尔 -28 改进设计并试制生产的一种亚声速轻型轰炸机，可昼夜在各种复杂的气象和地理条件下执行战术轰炸和攻击任务。

在 B-5 基本型基础上先后改成鱼雷机、拖靶机、教练机、侦察机和特种试验机等各种型别的飞机。

B-5 基本型于 1963 年 1 月开始试制准备，1965 年正式批准试制方案，1966 年 9 月首次试飞，1967 年通过国家鉴定，投入批量生产，至 1984 年停产。

图-160“海盗旗”战略轰炸机

技术性能数据

翼展（后掠角 20°）	55.70 米	最大武器载荷	22500 千克
（后掠角 65°）	35.60 米	高空最大平飞速度	2.1 马赫数
机长	54.10 米	巡航速度	850 千米 / 时
机高	13.10 米	实用升限	15000 米
主轮距	5.40 米	实用航程	12300 千米
前主轮距	17.88 米	起飞滑跑距离	2200 米
重量及载荷		着陆滑跑距离	1600 米
最大起飞重量	275000 千克	限制过载	+2g

图 -160 是俄罗斯图波列夫设计局研制的一种变后掠翼超声速战略轰炸机，北约称之为“海盗旗”，1987 年开始交付空军试用。图 -160 的研制是采用招标的方式进行的，参与招标的有图波列夫设计局、米亚西舍夫设计局和苏霍伊设计局。

图波列夫设计局提出的方案是在图 -144 超声速旅客机的基础上发展的；米亚西舍夫设计局提出的设计称为 M-18 方案；苏霍伊设计局提出的方案是在 T-4 飞机基础上的改进设计。当时空军认为 M-18 设计方案是比较好的，但是考虑到图波列夫设计局具有大型轰炸机的设计经验和生产能力，所以最后决定还让图波列夫设计局在 M-18 方案的基础上研制图 -160 战略轰炸机，批量生产厂家为喀山飞机制造厂。原型机于 1981 年 12 月 19 日首飞，1987 年 5 月开始进入部队服役，1988 年形成初始作战能力。

图 -160 是一种多用途超声速战略轰炸机，不仅能以亚声速、低空突防进行攻击，而且可以在高空、超声速的情况下作战。携带巡航导弹和近距攻击导弹时，能够对预先确定坐标的目标进行核打击，在今后装备了高精度常规精确制导炸弹后可以攻击机动目标或战术目标。

图-22M“逆火”战术轰炸机

图 –22M 中程战术轰炸机是俄罗斯图波列夫设计局研制的可变后掠翼超声速轰炸机，北约给予的绰号为“逆火”。该机的研制工作始于 1962 年，原型机于 1970 年首飞成功，生产型于 1974 年开始正式交付部队使用。

图 –22M 是俄罗斯的第一种航程较远的超声速轰炸机，可以攻击除葡萄牙和挪威以外的所有欧洲国家，如果经空中加油，还可以直接对美国本土目标进行攻击。

图 –22M 的主要型别有：图 –22M1（“逆火”A），初始型；图 –22M2（“逆火”B），首批生产型；图 –22M3（“逆火”C），先进远程轰炸及海上型；图 –22MR 型，由图 –22M3 型改装的电子战型等。该机于 1992 年在英国范堡罗航展上首次公开露面，至 1993 年停产时，各种型别的图 –22M 共生产了 497 架。

技术性能数据

翼展（后掠角 20°）	34.30 米	最大平飞速度（高空）	2.17 马赫数
（后掠角 65°）	23.30 米	（低空）	0.9 马赫数
机长	42.46 米	实用升限	18000 米
机高	11.08 米	实用作战半径	
机翼面积	165 平方米	（高空，部分时间超声速）	2200 千米
重量及载荷		实用航程	7000 千米
最大起飞总重	124000 千克	起飞滑跑距离	1920 米
燃油重量	53560 千克	着陆滑跑距离	1250 ~ 1450 米
正常武器载重	24000 千克		

SH-60“海鹰”直升机

龙文兵器小百科 直升机

一种重于空气的航空器。由旋翼产生升力，能垂直起落。主要由旋翼、机身、发动机、起落架和操纵机构等部分组成。旋翼安装在机身上方旋翼轴上，分单旋翼式、双旋翼式两种，由发动机带动在水平方向旋转产生升力。由升力大于、等于或小于直升机全重而上升、悬停或下降。利用桨叶在不同方位上周期地改变迎角，而使直升机向前后左右或任意方向推进。能在范围很小的场地上起落。出现于20世纪30年代，至70年代速度已超过300千米/时。在国民经济和军事上都有广泛应用。

S-60B是美国西科斯基飞机公司研制的双发、单桨多用途直升机，是UH-60的改进型。海军的编号有：SH-60B，绰号“海鹰”；SH-60F，绰号“大洋鹰”及HH-60H。海岸警卫队编号HH-60J，绰号“坚鹰”。该机的全面研制工作于1978年2月28日开始，1979年12月12日首次试飞。1983年4月，生产型开始交付使用。

SH-60B是最初生产型，主要任务是扩大美国海军的反潜和反舰能力，补充现有陆基和舰载固定翼飞机的不足，次要任务是搜索救生、撤退伤员和垂直补给等；SH-60F“大洋鹰”是美国航空母舰上使用的舰载直升机，用来替换海军的SH-3H“海王”直升机；HH-60H是美国海军的战斗搜索和救援/特种作战支援型直升机，可带两枚Mk46鱼雷、反舰导弹及机枪等武器。

技术性能数据

旋翼直径	16.36米
尾桨直径	3.35米
旋翼桨叶弦长	0.53米
机长（旋翼和尾桨转动）	19.76米
机长（旋翼和尾斜梁折叠）	
SH-60B	12.47米
HH-60H	12.51米
HH-60J	13.13米
机身长（不含空中加油管）	
SH-60B	15.26米
HH-60J	15.87米
机宽（旋翼折叠）	3.26米
机高（桨毂顶部）	3.79米
（尾桨转动）	5.18米
（尾斜梁折叠）	4.04米
主轮距	2.79米
后主轮距	4.83米
重量及载荷	
SH-60B（反潜任务）	6191千克
HH-60H	6114千克
HH-60J	6086千克
有效载荷 HH-60J	3551千克
内部载荷 HH-60H	1860千克
SH-60B（反潜任务）	9182千克
SH-60B（突击任务）	8334千克
SH-60B（通用任务）和HH-60H	9926千克
HH-60J	9637千克
最大桨盘载荷	0.46千牛/平方米
巡航速度（海平面）	
HH-60H	272千米/时
HH-60J	271千米/时
冲刺速度（高度1525米，炎热天气）	
SH-60B	234千米/时
垂直爬升率（海平面，32.2℃）	
SH-60B	3.55米/秒
垂直爬升率（海平面，32.2℃，单发）	
SH-60B	2.28米/秒

V-22 “鱼鹰”倾转旋翼机

1986 年，由美国海军首先开始研制的 V-22 “鱼鹰” 式飞机是世界上第一种倾转旋翼机，主要用于空运、搜索、救援和预警任务。其后，美陆军、空军和海军陆战队也参加进来，因此 V-22 被称为“多军种先进垂直起落飞机”。在海军计划中，它被定名为 HV-22，在陆军中被称为 CV-22，而海军陆战队则称它为 MV-22。

1989 年 5 月，V-22 的样机首次亮相；1990 年完成了初期舰上飞行试验；到 1991 年，美国已生产出 5 架样机，目前正在缓慢地装备部队。V-22 采用 2 台最新型的 T406-AD-4O0 涡轮风扇发动机，最大起飞重量为 19800 千克，最大内载为 4536 千克，可运载 24 名战斗员（不包括 3 名机组成员），空重为 14433 千克。最大速度可达 556 千米 / 时，巡航速度为 510 千米 / 时，是直升机的 2 倍。

技术性能数据

项目	数据
旋翼直径（每副）	11.58 米
机翼展长（短舱除外）	14.02 米
（包括短舱）	15.52 米
机翼弦长（定常）	2.54 米
旋翼中心距	14.25 米
机宽	
旋翼转动	25.78 米
旋翼 / 机翼折叠	5.61 米
机身长（不包括受油管）	17.47 米
机长（旋翼 / 机翼折叠）	19.09 米
尾翼翼展	5.61 米
有效容积	24.3 立方米
重量及载荷	
空重（带设备）	14463 千克
最大燃油重量	
（标准）	6215 千克
（带转场油箱）	13641 千克
最大内部载荷（带货物）	9072 千克
正常起飞重量（垂直起飞重量）	21545 千克
（短距起飞重量	24947 千克
最大巡航速度	
（海平面，直升机状态	185 千米 / 时
（海平面，定翼机状态）	509 千米 /时
最佳高度，定翼机状态）	582 千米 /时
最大前飞速度（直升机状态，最大吊挂载荷）	241 千米 / 时
实用升限	7925 米
起飞滑跑距离（正常短距起飞重量）	<152 米
航程垂直起飞（总重 21146 千克，包括 5443 千克有效载荷）	2224 千米
短距起飞（总重 24947 千克，包括 9072 千克有效载荷）	3336 千米
短距起飞	
（转场总重 27442 千克，无有效载荷）	3892 千米

S-70“黑鹰”直升机

S-70 是美国西科斯基飞机公司为美国陆军研制的双发单旋翼战斗突击运输直升机。美国陆军的编号为 UH-60A、UH-60L，绰号为“黑鹰”及编号 EH-60C、MH-60K；美国空军的编号为 HH-60A、MH-60G，绰号为“铺路鹰”；美国海军陆战队的编号为 VH-60N。S-70 是公司的编号。该机是 UH-1 的后继机，是美国陆军 20 世纪 80 年代运输直升机的主力。

技术性能数据

旋翼直径	16.36 米
旋翼桨叶弦长	0.53 米
尾桨直径	3.35 米
机长	
旋翼和尾桨转动	19.76 米
旋翼和尾斜梁折叠	12.60 米
机身最大宽度（UH-60A）	2.36 米
（MH-60G（带副油箱））	5.46 米
机高（尾桨转动）	5.13 米
（至尾桨顶部）	3.76 米
平尾翼展	4.38 米
全机空重（UH-60A）	5118 千克
任务起飞重量（UH-60A）	7708 千克
最大起飞重量（UH-60A，S-70A）	9979 千克
最大允许速度	361 千米 / 时
最大平飞速度（海平面）	293 千米 / 时
垂直爬升率（海平面）	>2.28 米 / 秒
实用升限	5790 米
悬停高度	
有地效，35℃	2895 米
无地效，国际标准大气	3170 米
无地效，35℃	1705 米
航程（最大起飞重量，最大机内燃油，30 分钟余油）	600 千米
航程（在外挂架上吊挂外部油箱）	
2 个 870 升油箱	1630 千米
2 个 870 升油箱和 2 个 1703 升油箱	2220 千米
续航时间	
UH-60A	2 小时 18 分
MH-60G（最大燃油）	4 小时 51 分

CH-47“支努干”运输直升机

波音 114/414 是美国波音直升机公司（原波音·伏托耳公司）研制的双旋翼纵列式全天候中型运输直升机。美国陆军编号 CH-47“支努干”，加拿大部队编号 CH-147，英国皇家空军编号为“支努干”HC.Mk1/2，西班牙陆军编号为 HT.17。

CH-47“支努干”直升机于 1956 年开始研制，当时，美国陆军部宣布要以新一代涡轮轴发动机直升机取代它的活塞式发动机运输直升机。美国陆军于 1959 年 6 月与波音直升机公司签订了一项初步合同，制造 5 架 YCH-47A（原先代号为 YCH-1B）。1961 年 4 月 28 日，第一架 YCH-47A 总装完成。1961 年 9 月 21 日进行了首次悬停飞行。

CH-47 是根据美国陆军的全天候中型运输直升机要求设计的，可以在恶劣的高原高温组合条件下完成运输任务。

技术性能数据

旋翼直径	18.29 米
旋翼桨叶弦长	0.81 米
两副旋翼中心距	11.86 米
全长（两副旋翼转动）	30.14 米
机身长	
CH-47D	15.54 米
CH-4“国际支努干”和 MH-47E	15.87 米
机宽（旋翼折叠）	
CH-47D	3.78 米
机高（至后旋翼桨毂顶部）	5.68 米
轮距（减震支柱间距离）	
CH-47D	3.20 米
MH-47E	3.63 米
前后轮距	
CH-47D	6.86 米
MH-47E	7.87 米
旅客舱门（右、前）	
高×宽	1.68 米×0.91 米
离地高度	1.09 米
后货舱门跳板外缘	
高×宽	1.98 米×2.31 米
离地高度	0.79 米
内部尺寸	
座舱（不包括驾驶舱）	
长度（CH-47D）	9.19 米
（MH-47E）	9.30 米
宽度（平均）	2.29 米
（地板）	2.51 米
高度	1.98 米
地板面积	21.0 平方米
有用容积	41.7 立方米
面积	
旋翼桨叶（每片）	7.43 平方米
旋翼桨盘（总和）	525.3 平方米

AH-64“阿帕奇”直升机

1972年底，美国陆军为了加强其武器装备，提高部队的快速反应能力，提出了“先进技术攻击直升机”（AAH）计划。要求研制一种能在恶劣气象条件下，可昼夜执行作战任务，并具有很强的战斗、救生和生存能力的先进技术直升机。

计划提出后经过90天的设计竞争，于1973年6月选中了贝尔和休斯直升机公司的方案，并决定各研制2架试飞原型机和1架地面试验机。1975年9月和11月，由休斯公司研制的2架YAH-64试飞原型机分别进行了首次试飞。与此同时，1架地面试验机也完成了试验任务。

从1976年5月开始，由美国陆军组织对两家公司的原型机进行对比试飞，到1976年底经过90小时的试飞对比，美国陆军正式宣布休斯公司的YAH-64方案获胜。再经过修改定型，到1984年1月第一架生产型AH-64A正式交付部队使用。AH-64A是美国陆军的编号，休斯公司的编号为休斯77，1981年年底正式命名为“阿帕奇”，从此美国新一代武装直升机AH-64A“阿帕奇”宣布诞生。

↓ *AH-64“阿帕奇”是美国最先进的具有全天候、昼夜作战能力的武装直升机。*

1985年8月27日，休斯直升机公司并入美国麦克唐纳·道格拉斯公司，从这个时候起休斯直升机公司便不复存在，“阿帕奇”也更换主人，成了麦克唐纳·道格拉斯公司的直升机。

米-28“浩劫”直升机

技术性能数据

旋翼直径	17.20 米
尾桨直径	3.84 米
短翼翼展	6.4 米
机长（不包括旋翼）	16.85 米
机身宽	1.75 米
全机空重	7000 千克
正常起飞重量	10400 千克
最大起飞重量	11200 千克
最大有效载荷（带瞄准系统）	3640 千克
最大桨盘载荷	0.439 千牛 / 平方米
最大平飞速度	300 千米 / 时
最大巡航速度	270 千米 / 时
最大爬升率	18 米 / 秒
实用升限	5800 米
悬停高度（无地效）	3600 米
作战半径	240 千米
航程（内部燃油量）	475 千米
续航时间（最大燃油量）	2 小时
限制过载	+3.0/–0.5g

米 –28 是俄罗斯米里设计局研制的单旋翼带尾桨的全天候专用武装直升机，北约给予的绰号为“浩劫”。

米 –28 于 1980 年开始设计，原型机 1982 年 11 月首飞，90%的研制工作于 1989 年 6 月完成，同期第三架原型机参加了巴黎航展。1992 年后大量装备部队。正在研制的型别有：海军水陆两用突击运输型、夜间攻击型和空 – 空作战型。米里设计局还提出一种伞兵 / 作战型，编号米 –40，用以满足空中机动要求。

米 –28 的基本设计思想是用来攻击地面坦克，攻击近距支援攻击机和直升机，拦截和下射低空飞行的巡航导弹，攻击地面活动目标和进行战场侦察。

米 –28 虽然没有米 –24 那样的运载能力，但由于机身横截面小，从而使米 –28 具有很高的灵活性和良好的生存能力。米 –28 直升机可直接用安 –22 和伊尔 –76 运输机运输到指定作战地区。

↓米 –28“浩劫”直升机

卡-27“蜗牛”直升机

↑ 双发共轴式反转旋翼军用直升机——“蜗牛”

卡 –27/ 卡 –28 是俄罗斯卡莫夫设计局设计的双发共轴式反转旋翼多用途军用直升机，北约给予的绰号为“蜗牛”。

卡 –27 于 1969 年开始设计，原型机 1974 年 12 月首飞，20 世纪 80 年代初研制成功并投入生产。1982 年卡 –27 开始服役，用来取代卡 –25。卡 –27 单价 700 万美元。

根据北约给予的绰号，卡 –27/ 卡–28 有下列 4 种型别：

卡 –27PL“蜗牛”A 基本反潜型。该型于 1982 年开始服役，一般成双使用，一架追踪敌方潜艇，另一架投放深水炸弹。俄罗斯海军航空兵现仍使用 100 多架，分别装载在导弹驱逐舰（如“勇敢”号导弹驱逐舰）、“基洛夫”级核动力导弹巡洋舰（如“基洛夫”号和“伏龙芝”号核动力导弹巡洋舰）以及“基辅”级航空母舰 / 巡洋舰（如“新罗西斯克”号航空母舰 / 巡洋舰）上。

↓ 卡 –27 是双发共轴式反转旋翼多用途军用直升机。

卡 –27“蜗牛”A 机头下方装有搜索雷达、敌我识别器。平尾上装有 2 个雷达告警天线。后机身及尾部装有电子支援天线整流罩。机身腹部沿纵向中心线为一很长的武器舱，内装有声呐浮标、鱼雷和其他武器。据称，印度海军已订购了 8 架。

卡 –27“蜗牛”B　舰上发射导弹捕获目标和中段制导型，该型机头下方装有不同的雷达。

卡 –27PS“蜗牛”D　搜索救援和警戒型，类似于卡 –27PL 型，但去掉了一些作战设备。机舱两侧有外挂油箱，和卡 –32 的一样。

卡 –28“蜗牛”A　卡 –27PL 的出口型。装 2 台 1618 千瓦 TV3–117BK 涡轮轴发动机。12 个油箱共载油 3680 千克。除俄罗斯外，印度和南斯拉夫也使用卡 –28。

↓卡 –27“蜗牛”直升机由俄罗斯卡莫夫设计局设计

技术性能数据

旋翼直径	15.90 米
机长（不包括旋翼）	11.30 米
（旋翼折叠）	12.25 米
机宽（旋翼折叠）	4.00 米
机高（至旋翼桨毂顶部）	5.40 米
主轮距	3.50 米
前轮距	1.40 米
前主轮距	3.02 米
舱门（高 × 宽）	约 1.20 米 × 1.20 米
内部尺寸	
机舱	
长度	4.52 米
最大宽度	1.30 米
最大高度	1.32 米
重量数据	
最大有效载荷（内部）	4000 千克
（外部）	5000 千克
正常起飞重量	11000 千克
最大起飞重量（带外挂载荷）	12600 千克
最大平飞速度	250 千米 / 时
最大巡航速度	230 千米 / 时
实用升限（正常起飞重量）	6000 米
悬停升限（无地效）	3500 米
续航时间（最大燃油）	4 小时 30 分
航程（最大燃油）	800 千米

卡-50“噱头”武装直升机

卡 -50（原编号为卡 -136 或卡 -34）是俄罗斯卡莫夫设计局研制的新型共轴反转旋翼武装直升机，北约给予的绰号是“噱头”。

卡 -50 于 1977 年完成设计，原型机于 1982 年 7 月 27 日进行首次飞行，1984 年首次公布，1991 年开始交付使用，1992 年年底获得初步作战能力，该机目前处于小批量生产阶段。

据卡莫夫设计局证实，“噱头”不是空战直升机，而是一种用于压制敌方地面部分火力的突击武装直升机。卡 -50 被选作俄罗斯下一代反坦克直升机，除能完成反坦克任务外，还可用来执行反舰 / 反潜、搜索和救援、电子侦察等任务。

设计局还准备研制卡 -50 的双座教练型。美国国防部对“噱头”所作的评论中说，“噱头”具有明显的空中优势，目前西方还没有与之相匹敌的直升机。卡莫夫设计局正准备为“噱头”换装西方发动机、电子设备和武器，以打入西方市场。

为提高生存能力，卡 -50 采用了红外抑制技术、红外诱饵撒布装置和装甲。据说该机比美国的武装直升机“阿帕奇”便宜得多。

↓卡 -50 系列大集会

技术性能数据

旋翼直径	14.5 米	起飞重量	7800 千克
机长（旋翼转动）	16.0 米	最大平飞速度	350 千米 / 时
（不包括机头前传感器和机枪）	13.5 米	爬升率（高度 2500 米）	10 米 / 秒
机高	5.4 米	升限	4000 米
短翼翼展	7.3 米	作战半径	250 千米
重量及载荷	（估计值）	最大过载	+3g
最大起飞重量	10800 千克		

EH-101"灰背隼"直升机

EH-101 是英国韦斯特兰直升机公司和意大利阿古斯特公司联合研制的多用途直升机。为研制 EH-101 直升机，两国于 1980 年 6 月成立了 EH 欧洲直升机工业公司。EH-101 除能满足两国海军的要求以外，还能执行民用和其他任务。

↑ *EH-101 多用途直升机*

1977 年春，英国国防部（海军）对一系列新型反潜直升机进行了可行性研究之后，英国海军在 1978 年夏末选择了在 WG34 基础上进行新型反潜直升机的研制。意大利海军虽然把岸基使用看得比舰载使用更重要，但是也有与英国皇家海军十分相似的要求，两国政府便于 1980 年决定由英国韦斯特兰直升机公司和意大利阿古斯特公司组织力量进行联合研制。1984 年 3 月 7 日签订了海军型正式合同，两家公司共同承担技术责任。韦斯特兰直升机公司主要负责 EH-101 民用型的研制，阿古斯特公司主要负责通用型的研制，两公司联合为各自的海军研制海军型 EH-101。

EH-101 目前发展 3 种型别：海军型、民用运输型和军用型。1987 年 8 月，加拿大海军选择了海军型作为新的舰载直升机。EH-101 制造了 10 架预生产型，其中 1 架用于地面试验，其他 9 架（编号为 PP1～9）中有 4 架（编号为 PP1、2、4 和 7）为基本型，用于鉴定试飞。

在这九架用于鉴定试飞的直升机中，2 架基本型 PP1 和 PP2 分别于 1987 年 10 月 9 日和同年 11 月 26 日试飞。PP3 于 1988 年 9 月 30 日首次试飞，并于 1992 年年底由韦斯特兰直升机公司进行民用型号合格证速度试飞。PP4 于 1989 年 6 月 15 日首次试飞，该型用作发展的海军基本型。PP5 和 PP6 分别用于发展英国皇家海军型和意大利海军型，分别于 1989 年 10 月 24 日和同年 4 月末首次试飞。PP7 后部改装成货舱跳板，并于 1989 年 12 月 18 日首次试飞。PP8 和 PP9 用于验证可靠性和作为民用型和通用型的验证机，并分别于 1990 年 4 月 24 日和 1991 年 1 月 16 日试飞。民用型于 1993 年取得英国和意大利的型号合格证。

技术性能数据

旋翼直径	18.59 米
尾桨直径	4.01 米
机长（旋翼和尾桨转动）	22.81 米
机宽（旋翼桨叶除外）	4.52 米
（旋翼桨叶和尾斜梁折叠，海军型）	5.49 米
机高（旋翼和尾桨转动）	6.65 米
（旋翼桨叶和尾斜梁折叠，海军型）	5.21 米
重量及载荷	
基本空重（估计值）	7121 千克
使用载荷 / 有效载荷	
A（4 枚鱼雷）	960 千克
最大起飞重量	13000 千克
最大允许速度	
（海平面，国际标准大气）	309 千米 / 时
平均巡航速度	296 千米 / 时
最佳航程巡航速度	272 千米 / 时
最佳巡航速度	167 千米 / 时
航程（B）（标准燃油，近海仪表飞行规则，有余油，30 名旅客）	1158 千米
航程（起飞距离为零，A 类规则）	611 千米

A-50预警机

A-50 预警机是俄罗斯伊留申设计局在伊尔 -76MД 军用运输机的基础上改装而成的四发预警指挥机，用来作为图 -126 预警机的后续机种。该机的研制工作始于 20 世纪 70 年代，20 世纪 80 年代初开始生产，1984 年正式服役。

其最明显的特点是在机翼后的机身背部装有直径 9 米的雷达天线罩，其雷达作用距离可达 400~600 千米，尤其是低空识别力比美国的 E-3 预警机强。A-50 预警机的动力装置为 4 台索洛维耶夫设计局的 D-30KP 涡轮风扇发动机，单台最大推力为 120 千牛。

A-50 前机身加长，头部有空中加油受油杆，头锥内装有气象雷达，机翼前的机身上面装有卫星导航 / 通信天线。头锥下方雷达罩内估计为地形测绘雷达。机身腹部前后两侧的天线罩内为电子对抗监视天线。垂尾根部有辅助动力装置进气口，尾部有天线罩。翼尖可带电子侦察舱，舱外侧有大气采样口，用于监测核、生化污染。该机有 15 名乘员，巡逻飞行时高度在 10000 米处沿 8 字形航线飞行。

在空战中，A-50 预警机可以用于配合米格 -29、米格 -31 或苏 -27 等战斗机执行防空或战术作战任务，引导己方战斗机攻击敌方目标。此外，A-50 预警机也可执行空中预警和警戒任务。1991 年海湾战争期间，苏联每天出动 2 架 A-50 预警机，24 小时监视美国从土耳其飞往伊拉克的飞机和舰射巡航导弹。

A-50 预警机一共生产了 30 多架，目前仍然有十几架在服役。其型别除基本型外，还有两种改型：A-50M 型，换装了更先进的“熊蜂 -2”综合电子系统和新的计算机处理系统，其探测距离增大，可同时引导 10 架战斗机攻击目标；A-50У 型，装备有“熊蜂 -M”空中预警与控制系统，探测性能进一步提高，同时起飞重量和续航时间也有所增加。

龙文兵器小百科 预警机

预警机，亦称“预警指挥飞机”、“预警飞机”。用以搜索和监视空中、海上目标，指挥引导己方飞机遂行作战任务的飞机。机内装有预警雷达，能扩大、延伸地面雷达探测距离。带罩的雷达天线通常装在机身上方，也有装在机头和机尾的。预警机探测低空、超低空目标的性能好，便于机动。战时可迅速飞往作战地区遂行任务；平时可沿边界或公海巡逻，侦察、搜集情报，防备突然袭击。

海湾战争期间，美国动用了27架E-2C和11架E-3预警机参战，共出动了1631架次，累计飞行10246小时，不仅向战区指挥中心提供了翔实的空情，还与RC-135电子侦察机、战地空中指挥控制中心和战术空中指挥中心建立了数据共享网络。

E-2“鹰眼”预警机

E-2“鹰眼”是美国格鲁门公司研制的舰载预警机，用于舰队防空预警和空战引导指挥，但也适用于执行陆基飞行任务。

1956年3月开始设计，一共研制了3架原型机，第一架于1960年10月21日首次试飞。E-2采用上单翼双发动机悬臂式四立尾布局。在机身背部的支架上有直径4.11米的雷达天线罩。

E-2的主要型别有：A型，最初的生产型，1964年1月19日开始交付美国海军使用，共生产56架（不含原型机）；B型，是根据Mod-Ax计划在E-2A上安装L-304通用电子计算机，并改进电子设备可靠性的改装型，到1971年12月已将能用的51架A型全改为B型；C-2A，用于岸上基地与航空母舰之间的客货运输；E-2C，现正在生产的具有有限陆上下视能力的预警机，共生产原型机2架，于1971年1月20日首次试飞。E-2C共有订货164架，除美国海军外，以色列订4架，日本13架，埃及11架，新加坡4架。到1990年初已交货130架。

技术性能数据

翼展（机翼伸开）	24.56米
（机翼折叠）	8.94米
弦长	
翼根	3.96米
翼尖	1.32米
展弦比	9.3
机长	17.54米
机高	5.58米
雷达天线罩直径	7.32米
雷达天线罩厚度	0.79米
螺旋桨直径	4.11米
翼面积	65.03平方米
重量及载荷	
空重	17859千克
最大起飞重量	24161千克
最大载油量（带副油箱）	8990千克
（不带副油箱）	5630千克
最大翼载荷	3.64千克/平方米
最大功率载荷	3.59千克/千瓦
最大平飞速度	626千米/时
最大巡航速度	602千米/时
巡航速度（转场）	480千米/时
进场速度	191千米/时
失速速度	138千米/时
实用升限	11275米
起飞滑跑距离	564米
转场航程	2865千米
值勤持续时间（值勤点离母舰320千米）	4小时24分
续航时间（最大载油量）	6小时15分

E-3“望楼”预警机

1963年美国空军防空司令部和战术空军司令部提出对空中警戒和控制系统的要求，1966年分别与波音公司和威斯汀豪斯公司签订了飞机和雷达系统的研制合同。1970年和1973年他们的方案分别被选取，然后用波音707-320B改装2架试验机进行对比试飞，试验机编号为EC-137D。随后又以波音707为基础制造了3架E-3A原型机。

1975年E-3A的第一架原型机首次试飞，1977年第一架生产型交付使用。1978年5月已生产8架，初步形成作战能力。到1984年6月，原订的34架E-3（含3架原型机）全部交付完毕。按计划这些飞机中的1/3驻扎在国外，作为防空警戒与战术空军的空中指挥机，其余驻扎在美国本土，用于本土防空和作为后备力量。

北约曾以20亿美元的费用引进了18架E-3，组成该组织的防空预警系统，但考虑到欧洲的具体情况，要求改装抗干扰系统、加大目标处理能力。此外，沙特阿拉伯、英国、法国等均订购了E-3系列预警机。

技术性能数据

翼展	39.27米
机长	43.68米
机高	12.6米
翼面积	282平方米
雷达天线罩直径	9.1米
雷达天线罩厚度	1.8米
重量及载荷	
空重	78000千克
最大起飞重量	147550千克
最大平飞速度	853千米/时
实用升限	12200米
起飞距离	3350米
值勤巡航速度	0.6马赫数
值勤巡航高度	9140米
值勤持续时间（不空中加油）	
值勤站在起飞点	11.5小时
值勤站离起飞点970千米	8小时
值勤站离起飞点1600千米	6小时
值勤时间（空中加油）	24小时

C-130“大力士”运输机

C-130是美国第一种设计成功并正式使用的装涡轮螺桨发动机（涡桨）的军用运输机，也是第一种依照美国空军和陆军的统一技术要求开发的运输机（1948年空军从陆军中分出并独立后，原陆军航空兵及兵员运输的要求由后者提出，并与空军共同确定飞机设计目标）。根据两方略有不同的招标要求，洛克希德飞机公司设计出洛克希德82型方案，并于1954年8月23日试飞了原型机，后取名YC-130，并确定采用YT56-A-1发动机。批量生产的C-130A于1955年4月7日试飞，公司代号洛克希德182，与原型区别在于部分飞机在机头下方有一个装APN-59雷达的天线罩。C-130A很快就被配备在美国空军战术空军、太平洋航空军团和驻欧航空军团。

C-130的改型有30多种，是一种多用途的飞机，中国也曾引进了L-382B作为民用运输机。目前，C-130H仍在生产中。C-130共生产了2100多架，其中1/3以上出口，是世界上相当出名的军用运输机。

龙文兵器小百科 运输机

用于运输货物和人员的飞机。在机身内有很大的货舱（或客舱），并开有舱门以供货物和人员进出。装有各种通信、导航设备，能在昼夜、复杂气象条件下飞行。分军用和民用两大类，运送兵员和武装设备的称“军用运输机”，运送旅客的称“旅客机”，运输一般货物的称“货机”。要求经济性好，载重大，安全可靠。

技术性能数据

翼展	40.41米
机长（C-130J）	29.79米
（C-130J-30）	34.37米
机高（C-130J）	11.66米
（C-130J-30）	11.58米
重量及载荷	
C-130J	34686千克
C-130J-30	35260千克
最大起飞总重（正常）	70305千克
最大起飞总重（超载）	79380千克
最大载荷（C-130J）	18955千克
最大巡航速度	602千米/时
最大爬升率（海平面）	9.65米/秒
最大载重航程	5250千米

C-17“环球霸王”运输机

C-17 是由美国麦克唐纳·道格拉斯公司最新研制的重型战略战术运输机，将取代 C-141、C-5 及 C-130 战略、战术运输机。

C-17 既能装载大量物资经空中加油直接运往世界上任何一个角落，又能以杰出的短距起落性能在前线一般机场起降，为前沿部队提供后勤支援。

1980 年 10 月，美国空军发出了研制新一代战略战术运输机 C-X 的招标，1981 年，几家飞机公司相继参加投标。8 月 29 日，麦克唐纳·道格拉斯公司被选为主承包商。1991 年 6 月，原型机试飞上天，1993 年开始交付试用，目前仍在发展与生产中，单价高达 1 亿多美元。由于开支过大，原计划采购 210 架的想法估计很难实现。目前，只有 C-17A 在制造中，它将成为 21 世纪初西方主要的战略空运机型。

技术性能数据

翼展（不含翼梢小翼）	50.29 米
翼展（含翼梢小翼）	51.76 米
机长	53.04 米
机身直径	6.85 米
机高	16.79 米
机翼展弦比	7.16
机翼面积	353.0 平方米
主轮距	10.27 米
前后轮距	20.05 米
内部尺寸	
货舱	
长度（包含 6.05 米长的机尾装卸跳板）	26.82米
最大宽度	5.49 米
最大高度	4.11 米
容积	592 立方米
重量及载荷	
使用空重（A）	126100 千克
最大载重（A）	76655 千克
最大起飞重量（各型）	265350 千克
最大翼载荷	751.6 千克 / 平方米
正常巡航速度	
（高度 8535 米）	0.74~0.77 马赫数
低空巡航速度	648 千米 / 时
实用升限	13715 米
航程	（无空中加油）
A（载重 36287 千克）	7630 千米

伊尔-76运输机

1974 年，苏联伊留申设计局设计了伊尔 –76 中远程重型运输机，北约代号“耿直”。目前伊留申设计局已改制为莫斯科的伊留申航空股份公司联合体和乌兹别克斯坦塔什干市的塔什干飞机生产企业。

20 世纪 60 年代末，由于苏联军事空运主力机型——安 –12 已经显得载重小和航程不足，苏联为了提高其军事空运能力，决定研制一种近似于美国 C–141 重型运输机的伊尔 –76。

第一架伊尔 –76 原型机于 1971 年 3 月 25 日在莫斯科中央机场首次试飞，同年 5 月 27 日在第 29 届巴黎国际航空博览会上公开展出。1974 年由苏联空军航空运输司令部进行验收鉴定，认为飞机达到要求。试飞持续到 1975 年结束，尔后投入批生产并交付部队和民航使用。到 1992 年年初，共生产 700 多架，年产量在 50 架以上。

目前伊尔 –76 在俄军中被用作作战支援运输飞机，用于运送步兵和轻装甲部队，能在简单的前线机场起降。伊尔 –76 还可执行伞降任务，可空投货物或经妥善包装的军用车辆。除俄罗斯空军和民航使用数百架伊尔 –76 运输机外，还有 100 多架出口到世界上很多国家，如阿尔及利亚、伊朗、英国、叙利亚、印度、捷克、波兰、伊拉克、利比亚、阿富汗、古巴和中国等。

技术性能数据

翼展	50.50 米
展弦比	8.5
机翼面积	300.00 平方米
机长	46.59 米
机高	14.76 米
机身最大直径	4.80 米
主轮距	8.16 米
前后轮距	14.17 米
机尾装载入口	
宽 × 高	3.40 米 × 3.46 米
机身两侧门	
宽 × 高	0.86 米 × 1.90 米
内部尺寸	
货舱长（含货桥，伊尔 –76MF 除外）	24.50米
货舱长（不含货桥，伊尔 –76MF 除外）	20.00 米
货舱长（含货桥，仅伊尔 –76MF）	31.14米
货舱长（不含货桥，仅伊尔 –76MF）	26.60米
货舱内地板宽度	3.45 米
货舱内最大高度	3.40 米
货舱容积	235.3 立方米
重量及载荷	
空重	70000 千克
最大商载	40000 千克
最大燃油重量	70000 千克
最大着陆重量	155000 千克
最大翼载荷	5.56 千牛 / 平方米
地板最大允许压力	0.30×10^5 帕
极限速度 LL	0.77 马赫数
最大平飞速度 LL	600 千米 / 时
T、TD	850 千米 / 时
巡航速度 T、TD	750 ~ 800 千米 / 时

第5章 智能导弹

导弹是依靠自身动力装置推进，由制导系统控制飞行并导向目标的武器。由弹头（战斗部）、弹体、推进系统、制导系统和电源等组成。在武器发展史中，导弹的出现和发展是质的飞跃。

美国“复仇者”地空导弹

“复仇者”是新研制的全天候防空系统，20 世纪 90 年代初装备美国陆军师，主要掩护该师的后方地域。

全系统包括装在 2 个发射架上的 8 枚“毒刺”导弹、单人陀螺稳定发射塔和“哈默”轮式车底盘。

车上配有前视红外装置、激光测距机、光学瞄准镜和用于自卫的 12.7 毫米机枪。这是美国陆军第一种具有“打了就不用管”能力的防空系统，在海湾战争中首次实战使用。

最大射程 5 千米，最大射高 3000 米，系统全重 3.9 吨，方向射界 360° ，高低射界 −10° ~+70° 。

导弹分类简表

分类方法	导弹分类	
按作战使命分	战略导弹	攻击型导弹
		防御型导弹
	战术导弹	攻击型导弹
		防御型导弹
按飞行方式分	弹道式导弹	
	有翼 / 巡航导弹	
按发射位置分	陆射导弹	固定发射导弹
		机动发射导弹
	海射导弹	潜射导弹
		舰射导弹
	空射导弹	
按导弹射程分（指弹道道导弹和巡航导弹）	洲际导弹	
	远程导弹	
	中程导弹	
	近程导弹	
按作战任务（目标）分	攻击地面（战略、战术）目标导弹	
	防空导弹	
	反舰（潜）导弹	
	反辐射导弹	
	反坦克（装甲目标）导弹	
	反弹道导弹导弹	
	反卫星导弹	

↑ 美军准备将 1 辆“复仇者”地空导弹车用 1 架 CH−47“支努干”运输直升机进行运送。

美国“爱国者”地空导弹

↑美国“爱国者”地空导弹

“爱国者”是机动式全天候多用途中远程防中高空导弹系统，1983年开始装备美国陆军，外销德国、沙特阿拉伯、韩国等国家及中国台湾地区。

“爱国者”配备世界最先进的AN/MPQ–53相控阵雷达，导弹采用无线电指令与“经由导弹跟踪”相结合的制导方式，配破片战斗部或核战斗部，动力装置为单级固体燃料火箭。现已研制成“爱国者”PAC–2，并正在研制“爱国者”PAC–3。

海湾战争中，“爱国者”PAC–2曾用于拦截“飞毛腿”地地战术导弹，开创了在实战中以地空导弹成功拦截弹道导弹的先例。最大射程80千米，最大射高24000米。弹重800千克，雷达作用距离150千米。

龙文兵器小百科　地空导弹

地空导弹通常也称防空导弹，按对空作战空域可分为低空、中空和高空；按载体可分为单兵携载或地面车载；按作战用途分国土防空导弹和野战防空导弹；按攻击目标可分为反飞机防空导弹、反飞机反导通用型防空导弹、反导专用型防空导弹、反卫星专用防空导弹、反辐射专用型防空导弹。

↓“爱国者”地空导弹

↓“爱国者”是机动式全天候多用途中远程防中高空导弹系统。

俄罗斯C-300地空导弹

俄罗斯 C-300 是一种全天候中远程中高空地空导弹系统，也是俄罗斯目前最先进的武器系统之一。1985 年开始服役，具有拦截导弹和多种飞机的功能。

↑ 俄罗斯 C -300 地空导弹

一个 C-300 导弹连一般包括 12 辆导弹发射车和一部多功能相控阵雷达。每辆发射车上装有 4 枚待发导弹。导弹配用破片式战斗部，采用“经由导弹跟踪”的半主动雷达寻的制导方式，并以垂直方式发射。

最大射程 90 千米，射高 25~30000 米，雷达作用距离 100 千米，目标最大速度 4200 千米 / 时。

→ C-300 的导弹发射车为载重量 36 吨的马斯 543 越野车。每辆车配备 4 枚待发导弹，整个导弹连共有 48 枚导弹。

龙文兵器小百科 **导弹发射方式** **寻的制导**

导弹发射方式

发射方式取决于导弹类型及其战术技术要求。按发射地点分为陆基、海基和空基发射；按发射姿态分为垂直、倾斜和水平发射；按发射动力分为自力、外力和投放发射；按发射装置的机动性能分为机动和固定发射等。

寻的制导

由导弹上的导引头（或称目标跟踪器）感受来自目标的辐射或散射能量，自动寻找、跟踪目标并形成制导指令，控制导弹飞向目标的制导方式。通常分为主动寻的、半主动寻的和被动寻的三种。

美国“标枪”反坦克导弹

↑↓ “标枪”是目前世界上性能最优异的反坦克导弹。

“标枪”是美国 20 世纪 80 年代中期开始研制的第四代反坦克导弹，1996 年正式列装，取代现装备的“龙”导弹，能有效打击最新式的坦克目标。

“标枪”是目前世界上性能最优异的反坦克导弹，采用技术最先进的红外热成像制导方式，真正具备“打了就不用管”能力，即导弹发射后能自动跟踪攻击目标，不需任何人为干预。

配用串联式战斗部，弹长 1220 毫米，弹径 127 毫米，弹重 12.1 千克，射程 50~2000 米，整个系统重 22.6 千克。

龙文兵器小百科 反坦克导弹

反坦克导弹是第二次世界大战末期研制成功的小型制导武器，于20世纪50年代中期由法国率先投入使用，继而在众多国家掀起研制高潮。它的问世标志着反坦克武器从“无控”时代进入“有控”时代。

半个多世纪以来，反坦克导弹经历了“四代”发展，战术技术性能数据显著提高，已成为世界各国反坦克武器的主体。第一代导弹需要射手同时瞄准目标并控制导弹，已被淘汰；正在服役的主要是第二、三代及其改进型，它们只要射手瞄准目标或以激光器照射目标即可；第四代绝大多数正处于研制中，“打了就不用管”是其基本特征。

美国“龙”反坦克导弹

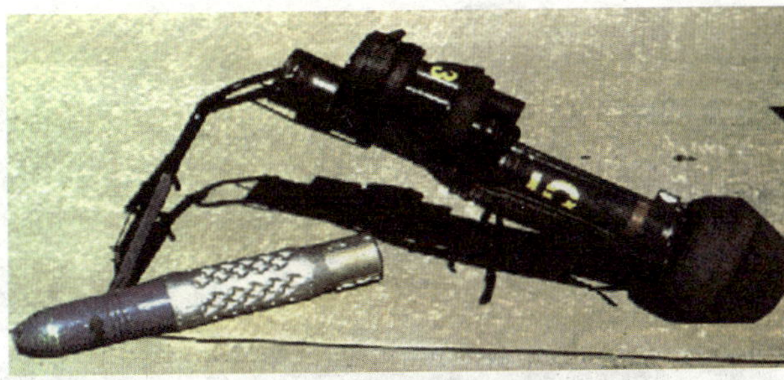

↑美国“龙”反坦克导弹

“龙”是美军1974年装备的第二代单兵便携、肩射反坦克导弹，主要用于中距离反坦克，可攻击坦克、步兵战车和其他装甲车辆，也可攻击野战工事等目标。

导弹的动力装置为向后斜置于弹体上的60个小型固体燃料火箭发动机。弹长746毫米，弹径114毫米，弹重6.13千克，破甲厚度500毫米，射程25~1000米，系统全重13.47千克。

“龙”导弹由三部分组成：前部为战斗部，中部为发动机，后部为控制舱。中部壳体上装有60个小固体燃料发动机，为导弹提供推力和控制力。导弹的飞行偏差由尾部红外信号发生器发出，光学跟踪的红外测角仪接到信号后，将偏差信号送给导弹上的计算装置，从而控制小发动机点火以调整导弹的飞行方向。

“龙”导弹射程近、威力小，其改进型“龙2”、“龙3”的射程和威力都有大幅度提高。

↑↓“龙”反坦克导弹是美国第二代单兵便携、肩射反坦克导弹。

日本79式“重马特”反坦克导弹

←“重马特”是日军第二代重型远程反坦克导弹。

“重马特”是日军1976年装备的第二代重型远程反坦克导弹，既可攻击地面坦克装甲车，也可在反登陆作战中攻击小型登陆舰艇，起到海岸炮的作用。

导弹采用目视瞄准，红外自动跟踪、有线传输指令制导方式。弹长1565毫米，弹径152毫米，弹重30千克，系统全重103千克，破甲厚度500毫米，最大射程4000米。

俄罗斯“飞毛腿B”地地战术导弹

“飞毛腿 B”是俄罗斯的地地战术导弹，是“飞毛腿 A”的改进型，自1962 年起开始服役，目前已成为世界上广泛装备的一种导弹。导弹采用简易惯性制导系统，可配用核、化学弹头和中子弹头，使用液体火箭发动机，车载越野机动发射。该导弹曾先后用于第四次中东战争、两伊战争和海湾战争，并取得良好战果。俄罗斯现装备的改进型性能有所提高。

射程 50~300 千米，弹长 1116 毫米，弹径 880 毫米，弹重 6300 千克，常规弹头重 1000 千克，核弹头当量 1~100 千吨，圆公算偏差 300 米。

↑“飞毛腿 B”地地战术导弹

↓“飞毛腿 B”目前已成为世界上广泛装备的一种导弹。

龙文兵器小百科　战术导弹

用于支援部队战斗行动或直接打击战术目标的导弹。可携带常规、特种或核战斗部，射程1000千米以内。主要打击战役战术纵深内的导弹或炮兵阵地、机场、港口、坦克、飞机、舰艇、雷达、交通枢纽、指挥所、集结的部队等目标。

龙文兵器小百科　飞毛腿导弹

飞毛腿导弹是指苏联在冷战时期开发并被广泛出口的一系列的战术弹道导弹。这个名称是从“北约官方名称”为SS-1飞毛腿得来的，是西方的情报局将“飞毛腿”这个词与一种导弹联系起来的。这种导弹的俄文名字是R-11（第一个版本）和R-300 Elbrus（后来的一个版本）。飞毛腿这个名字被媒体等不止用作这两种导弹，而且还指别的国家根据苏联原型广泛发展的许多种导弹。

美国“潘兴”2地地战术导弹

↑“潘兴”1地地战术导弹

“潘兴”2是美国陆军装备的武器，1983年开始在联邦德国部署108枚，1985年在美国本土部署42枚。主要用于打击华约国家的指挥所和交通枢纽等目标。导弹配有集束式常规弹头（装76个子弹头）和核弹头，采用惯性和雷达区域相关制导系统和两级固体火箭发动机，发射设备主要有运输发射车、发射控制车和制导设备车等。该导弹属《苏美两国消除中程和中短程导弹条约》规定销毁之列，已退出现役。

射程160~1800千米，弹长10米，弹径1米，弹重7200千克，核弹头重约1360千克，弹头当量1~2万吨，圆公算偏差约40米，公路机动速度60千米/时。

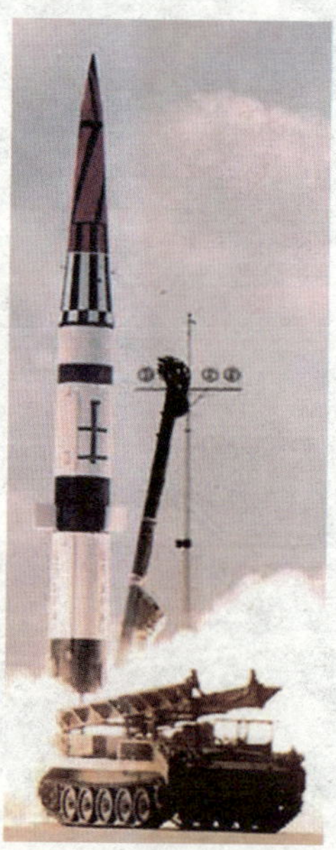

↑美国“潘兴”2地地战术导弹和“潘兴”1

龙文兵器小百科 潘兴其人

约翰·约瑟夫·潘兴（1860—1948），美军历史上第一位五星上将。1886年毕业于美国西点军校。1904—1905年任驻日本武官。1916—1917年率领1.2万名美军出兵墨西哥。1917年美国参加第一次世界大战后，担任美国驻欧洲远征军司令，跨洲渡洋，成为大战中的美军英雄。大战最后阶段，参加了圣米耶勒和马斯——阿贡讷战役。1919年，潘兴晋升为陆军五星上将，1921年任陆军参谋长，1924年退役。

龙文兵器小百科 “潘兴”1导弹

美国陆军固体机动地地战术导弹，用于取代“红石”液体导弹，对战区进行快速支援或对前线部队进行一般性支援。1958年3月美国陆军选定了马丁·马丽埃塔航空航天公司作为主承包商。1960年2月25日，“潘兴”1导弹作首次飞行试验。经过15次研制性飞行试验之后，于1962年6月交付使用。

“潘兴”1导弹是依照机动、可靠和便于维护使用等原则设计的。它是一个自容系统，整个导弹系统装在4辆履带车上运输和发射，也可用直升机和飞机空运。

美国“和平保卫者”战略导弹

“和平保卫者”导弹是美国大型固体洲际弹道导弹，导弹代号 MGM-118A，原名先进洲际弹道导弹，即 MX 导弹。

主承包商是马丁·马丽埃塔公司，1971 年由战略空军司令部提出研制，1973 年成立 MX 导弹计划局，开展预先研究工作。1976 年 3 月进入方案论证阶段，1979 年 9 月开始全面工程研制，1983 年 6 月 17 日作第一次研制性飞行试验，这类飞行试验计划进行 20 次。1986 年开始部署，先在经过改装和加固的“民兵Ⅲ”导弹地下井中部署 50 枚。

MX 导弹计划的总费用达 332 亿美元，每枚导弹的费用约为 6637 万美元（1983 财政年度的美元值）。

导弹由弹头和弹体组成。弹头包括子弹释入舱、10 枚 MK21 核弹头和整流罩，弹体分四级，前三级为固体火箭发动机，第四级为液体火箭发动机。导弹采用惯性制导方式。

“和平保卫者”洲际弹道导弹装载的 W-87 型核弹头当量在 335000 吨，其圆周公算偏差值在 0.05 海里，可以说是现今最精确有效的弹头。它被认为有足够的能力摧毁任何强化工事目标，包括特别强化的陆基洲际弹道导弹掩体及首长的防护掩体。

↑“和平保卫者”弹道导弹是美国大型固体洲际弹道导弹。

龙文兵器小百科　战略导弹的分类

按发射点与目标位置分为地地战略导弹、潜地战略导弹、空地战略导弹等；

按用途分为进攻性战略导弹、防御性战略导弹；

按飞行方式分为战略弹道导弹和战略巡航导弹；

按射程分为中程导弹、远程导弹和洲际导弹。中程导弹射程为 1000～3000 千米，远程导弹射程为3000～8000千米，洲际导弹射程在8000千米以上。

←“和平保卫者”洲际弹道导弹

美国“民兵”战略导弹

↑“民兵－Ⅲ”型洲际弹道导弹发射试验

“民兵”弹道导弹是一种比“和平保卫者”略小的三级火箭系统，其最新的改进型“民兵－Ⅲ”在1970年开始部署，可以携带3个核弹头。但根据1992年美国签署的武器控制公约，“民兵”的核弹头已经减少到1个。

目前在美国的核武器库当中，大约有500枚的“民兵－Ⅲ”洲际弹道导弹。艾里斯海军上将称，今后“和平保卫者”退役，“民兵－Ⅲ”将成为美国唯一的陆基可携带核弹头的洲际弹道导弹。

↑更新后的“民兵－Ⅲ”发动机

龙文兵器小百科 洲际弹道导弹

←“民兵－Ⅲ”洲际弹道导弹

射程大于8000千米的远程弹道式导弹称为洲际弹道导弹。它是战略核力量的重要组成部分，主要用于攻击敌国领土上的重要军事、政治和经济目标。

1957年8月，苏联首次试射成功第一枚SS-6洲际弹道导弹。美国第一枚洲际弹道导弹“宇宙神”于1959年开始装备。

洲际弹道导弹早期大多采用液氧和煤油作推进剂，液氧容易蒸发，使用很不方便，后来都改用可储液体推进剂或者固体推进剂。美国60年代中期以后研制的洲际弹道导弹都采用固体推进剂，苏联装备的洲际弹道导弹多数采用可储液体推进剂。为了突破反导系统的拦截，70年代美苏又分别研制成功带分导式多弹头的洲际弹道导弹，并大量装备，不仅增强了突防能力，还可打击多个目标。

美国“大力神”Ⅱ战略导弹

“大力神”Ⅱ导弹是在美国第一代战略导弹“大力神”Ⅰ战略导弹基础上，研制的一种两级液体燃料单弹头洲际弹道导弹，编号 LGM－25C。该弹由洛克希德·马丁公司研制，主要用于攻击地面目标。属美军美国第二代战略导弹，是美国核武器库中保存最久的一种液体燃料战略导弹。

“大力神”Ⅱ导弹发射井建在山区，全部由钢筋混凝土浇筑而成，整个发射装置全部由液压系统操纵。

进入发射井时需经过 5 道安检门，其中有两道钢门都厚达 30 厘米，每扇门重达 3 吨。在每道门前都先要与值班人员通过电话联系才可打开。其中 1 道门还需报出由 6 位数字组成的一组密码才能进入，这组密码只可使用一次，用完立即注销。根据规定，控制室内任何时候都必须有两人共同值班，发射时，必须两人的钥匙同时拧动，才能启动控制设备。

发射井由控制中心、通道与防火区和导弹井三个地下部分组成。

根据设计，1 枚“大力神”导弹在发射 35 分钟后就能击中目标，而导弹头内的核爆炸装置，能毁灭一座有 100 万人口的城市。这些战略导弹在历史上都只发挥过战略威慑作用而没有真正投入实战。

↑ 美军“大力神”战略导弹基地

↑ “大力神”Ⅰ型战略导弹

↑ 发射井里停放的“大力神”导弹

↑ “大力神”Ⅱ型战略导弹发射

龙文兵器小百科 “大力神”Ⅱ战略导弹发展进程

1960年6月，开始研制。

1963年12月，首次部署。

1982年10月，开始执行退役计划，以每月1枚导弹的速度撤出。

1987年年底，全部退役。

美国“侏儒”战略导弹

↑“侏儒”固体洲际导弹是美国在1983年开始研制的第五代战略弹道导弹

↑“侏儒”战略弹道导弹机动发射车

“侏儒”固体洲际导弹是美国在1983年开始研制的第五代战略弹道导弹，主要用于攻击对方导弹发射井等目标，1992年导弹试飞成功。

导弹采用轻型高级惯性参考球加中段和末段修正制导，使用两级或三级固体火箭发动机，配备MK21单弹头。单弹头内装有先进的突防装置，可自行机动以避开反弹道导弹的拦截。导弹用全封闭式加固的机动发射车运输，以公路机动发射为主。受“美俄关于进一步削减和限制进攻性战略武器的协议”的影响，“侏儒”的研制计划于1992年3月停止。

射程12000千米，圆公算偏差146~182米，弹长16.15米，弹径1.17米，弹重16800千克，核弹头当量50万吨。

“侏儒”的性能在MX导弹的基础上作了大量改进，特别是在提高核攻击下生存能力方面优于MX导弹。该导弹体积小、投掷重量轻，弹头有先进的突防装置，可自行机动，以避开反弹道导弹的拦截，能精确命中目标。在第一次核打击中主要用于攻击对方导弹发射井等硬军事目标。在美俄START II中被保留下来，它将是21世纪美国陆基战略导弹的主战导弹之一。

俄罗斯SS-18战略导弹

SS-18洲际弹道导弹在20世纪60年代末期发展成功，是SS-9导弹的后续型式。事实上，当1987年美国泰坦二型导弹服役之后，在体积与投掷重量上，SS-18导弹都远大于任何已部署的陆基洲际弹道导弹。它在1974年开始部署经整修及升级的前SS-9导弹的掩体中。

这些掩体后来在80年代初期再度改良，据报道现在已可承受365千克/平方厘米的压力，美方称之为“超级强化工事”，实当之无愧。

→SS-18弹道导弹在20世纪60年代末期发展成功。

↓SS-18弹道导弹发射瞬间

俄罗斯“白杨-M”战略导弹

“白杨-M”导弹是一种使用固体推进剂的三级洲际弹道导弹，装备有惯性自动制导系统，可进行固定发射井和水下机动发射，射程超过 1 万千米。

弹长 22.7 米，弹径 1.95 米，弹头重 1.2 吨，发射重量 47.2 吨。

俄罗斯已从 2000 年起每年部署 35~40 枚这种新型导弹，同时逐步淘汰旧式导弹。

←“白杨-M”洲际弹道导弹发射

↓“白杨-M”洲际弹道导弹

龙文兵器小百科 速燃技术

“白杨-M”导弹是一种三级固体导弹。其第一级、第二级取自SS-20，但采用了大推力速燃发动机技术，第一级还安装了大直径新型速燃固体发动机，推进剂的装填量相当大。第三级是新研制的，采用了最先进的推进剂——复合推进剂丁羟加奥克托金。

在结构设计上，该导弹还首次采用了3台巡航固体燃料发动机，使导弹的功率更加强大，具备助推段快速助推和机动助推的能力，能够在飞行初始段很快加速，不仅大大缩短了发动机的助推段工作时间，而且整个飞行过程所需要的时间也比以前的战略导弹大大缩短。

新型发动机技术还使“白杨-M”导弹能在大气层内实现关机，从而使天基红外探测器难以发现、监测和跟踪导弹的行踪，有如销声匿迹一般。这样，NMD就难以对其实施有效的跟踪和拦截。